U0251166

"十四五"时期国家重点出版物出版专项规划项目

应用数学丛书

郑志明 主编

几何与图形

（修订版）

Geometry and Graphics

陈发来　　刘利刚

中国教育出版传媒集团

高等教育出版社·北京

内容简介

　　本书是介绍计算机图形与几何模型处理方面的通俗性知识读物。基本写法是从电影说起，引出主要内容：几何模型的表示、图形变换、图形绘制、动画与仿真、几何图形处理以及几何图形的应用。

　　本书并不是一本通用的教材，而是一个"引子"。阅读本书不仅可使读者了解数学知识如何应用于图形及其相关的广泛领域，也可激发读者进一步学习相关课程与知识的欲望以及学习数学的兴趣。本书可作为应用数学、计算机科学及相关专业本科生与研究生的课外读物，也可作为大学教师、工程技术人员的参考资料。

图书在版编目（CIP）数据

几何与图形 / 陈发来，刘利刚主编 . -- 修订版 . --
北京：高等教育出版社，2024.7
　（应用数学丛书 / 郑志明主编）
　ISBN 978-7-04-061579-1

　Ⅰ.①几… Ⅱ.①陈… ②刘… Ⅲ.①几何 - 高等学校 - 教材 Ⅳ.① O18

　中国国家版本馆 CIP 数据核字（2024）第 024651 号

Jihe yu Tuxing

策划编辑	兰莹莹　高　旭	责任编辑	高　旭	封面设计	王　鹏	版式设计	徐艳妮
责任绘图	邓　超	责任校对	陈　杨	责任印制	赵义民		

出版发行	高等教育出版社	网　　址	http://www.hep.edu.cn	
社　　址	北京市西城区德外大街4号		http://www.hep.com.cn	
邮政编码	100120	网上订购	http://www.hepmall.com.cn	
印　　刷	三河市春园印刷有限公司		http://www.hepmall.com	
开　　本	787mm×1092mm　1/16		http://www.hepmall.cn	
印　　张	9	版　　次	2019 年 11 月第 1 版	
字　　数	110 千字		2024 年 7 月第 2 版	
购书热线	010-58581118	印　　次	2024 年 7 月第 1 次印刷	
咨询电话	400-810-0598	定　　价	58.00 元	

本书如有缺页、倒页、脱页等质量问题，请到所购图书销售部门联系调换

总　　序

　　应用数学通常是指应用目的明确的数学理论和方法, 它是数学与其他科学、工程技术、经济金融以及信息处理等领域交叉融合的重要纽带。应用数学不仅要研究具有实际背景或应用前景的基础理论或方法, 同时也要研究其他科学, 包括信息、经济金融和管理以及工程技术等科学中的关键数学问题, 包括建立有效的数学模型和算法、利用数学理论方法解决实际关键问题等。几十年来, 在数学自身内在动力和其他学科与技术发展等外在动力推动下, 数学各个分支取得突飞猛进的发展, 同时也促进了与数学相关的交叉学科和工程技术的长足进步。数学也是许多新兴学科、交叉学科和新技术产生、成长和发展的重要理论和方法的基础。

　　为了更好地培养数学人才, 满足数学学科和国家科技与社会对数学人才的需求, 按照教育部关于促进应用理科和新工科建设的规划要求, 教育部高等学校数学类专业教学指导委员会在完成制定数学类教学质量国家标准和推动实施 "双万计划" 的基础上, 花费了大量时间重点研讨了应用数学人才培养如何进一步适应国家经济、科技和社会发展需要, 并形成以下共识: 当代科学的发展和重大科学技术成就的取得, 越来越依赖于不同学科之间的交叉与融合, 许多有影响的科技成果, 都是在学科的交互和交叉点上取得的; 交叉学科的重要性不仅体现在基础学科的前沿问题需要多学科的密切合作, 人类发展面临的许多重大问题也需要多学科的合作才能真正解决; 学科交叉在推动并促进传统学科发展的同时, 已经成为新学科生长的主要驱动力之一; 数学和其他学科比较, 由于其基础性, 决定了数学在开展交叉学科研究和教育方面具有先天优势。在向教育部提出创新数学人才培养的相应对策的基础上, 教育部高等学校数学类专业教学指导委员会和高等教育出版社经讨论决定, 用五年或多一点时间出版一套《应用数学丛书》, 邀请在数学若干方向长期从事教学研究并在应用和交叉领域学研有成的著名数学家和教授, 撰写该方向基本的理论和方法以及在交叉学科和工程技术方面可能的应用, 为高校从事应用数学教学科研和学习以及在交叉学科与工程技术领域研究的广大师生和研究人员, 提供一套覆盖面比较全面的教学和研究参考书。

本丛书将从两个角度考虑撰写内容。一是要求内容尽可能精炼。传统的数学教材十分关注教材内容逻辑上的严谨性和完备性, 本丛书考虑到数学和其他学科交叉应用的关键是融合这一特点, 以及广大读者对相关数学知识的实际需求, 力求深入浅出、删繁就简, 重点关注并准确讲解与应用背景密切相关的数学基本知识、基本概念、基本理论和基本方法, 同时又尽可能注入科技发展的新观点和新方法。二是要求知识内容覆盖应用领域尽可能全面。随着不同学科之间的交叉和融合愈来愈迅猛以及大型科学和技术工程快速发展, 数学的各个分支和方向知识将会迅速而深刻地融入其中, 并成为其重要的理论、方法和创新的基础。为此, 丛书内容将尽可能覆盖应用目的明确的相关数学内容, 真正成为广大读者的学习参考书、研究参考书。

教育部高等学校数学类专业教学指导委员会全体同仁愿这套丛书的出版, 不仅将国内著名数学家和教授的知识和成果奉献给广大读者, 同时能够推动不同学科的交叉融合, 为国家发展的重大需求贡献力量。

郑志明

2023 年 4 月 30 日

于北京航空航天大学新主楼

本书作者

陈发来, 中国科学技术大学教授、博士生导师。担任国务院学位委员会数学学科评议组成员, 教育部高等学校数学类专业教学指导委员会委员, *Computer Aided Geometric Design*, *Visual Computer* 等期刊编委。曾获国家杰出青年科学基金项目资助、教育部高校青年教师奖、宝钢优秀教师奖特等奖、中国计算机图形学杰出奖、冯康科学计算奖、全国百篇优秀博士学位论文指导教师称号、John A. Gregory 纪念奖等。

刘利刚, 中国科学技术大学教授、博士生导师。2001 年于浙江大学获得应用数学博士学位。从事计算机图形学和图像处理方向研究。任中国工业与应用数学学会几何设计与计算专业委员会 (CSIAM GDC) 主任、亚洲图形学协会 (Asiagraphics) 秘书长、国际几何建模与处理 (GMP) 协会指导委员会委员。曾入选中国科学院 "百人计划", 获国家杰出青年科学基金项目资助。曾获 "微软青年教授" 奖、陆增镛 CAD&CG 高科技奖一等奖、国家自然科学奖二等奖等奖项。

前　　言

————————

　　教育部高等学校数学类专业教学指导委员会主任委员郑志明院士大力推动建设《应用数学丛书》，以促进数学在工程技术、国防安全等领域中的应用。本书作为该丛书之一，目的是介绍几何学在计算机图形与几何建模及相关领域中的广泛应用。

　　计算机图形学是一门在计算机环境下构建三维几何模型，并对场景进行光线传播模拟着色生成真实感图形的学科。这门学科从二十世纪五六十年代诞生以来，一直处于快速发展之中。特别是近一二十年来，随着计算机软、硬件技术的迅猛发展，包括功能强大的图形处理芯片与感知交互设备的出现，计算机图形学的应用无处不在。从工业产品的设计到广告动画，从计算机游戏到影视娱乐，从数据可视化到数字地球，从虚拟现实到 3D 打印，等等，都使人感受到了计算机图形技术带来的冲击与魅力。

　　除计算机及交互设备等硬件之外，计算机图形学的核心是几何与算法，其中几何建模与处理扮演了十分重要的角色。在计算机图形学中，首先，要构建整个场景的几何模型，然后模拟场景中的光线传播从而生成真实感的图形。其次，计算机图形学常常要处理变化的场景，进而形成动画，因此需要构建动态的三维模型。此外，场景还要随时接受人所传递的交互信息并产生反馈。这里就涉及如何有效地表示、构建与处理三维几何模型以及模型的绘制技术，本书将重点介绍这些内容。同时，我们将对计算机图形学的广泛应用领域做简单介绍，包括工业设计与制造、计算机游戏与动画、电影与娱乐、虚拟现实、3D 打印等。近年来，随着人工智能技术的发展，深度学习对计算机图形学及几何建模产生了重要的影响，一批新的图形生成与建模技术，如可微渲染、神经辐射场、神经隐式场等，迅速涌现。鉴于篇幅，本书不打算对这些内容做介绍。

本书并不是一本专门介绍计算机图形学完整内容的教材，而是介绍数学——特别是几何学的思想与方法是如何应用到计算机图形学中的，并引导读者了解计算机图形学广泛的应用领域。因此，本书不是一道"大餐"，而是大餐前的"开胃汤"。我们希望读者通过阅读本书，对计算机图形学与几何建模产生兴趣，并领略数学在现代科技前沿中的广阔应用。

本书在写作过程中参考了国内外相关教材与图书的有关内容，包括唐荣锡、汪嘉业、彭群生、汪国昭教授编写的《计算机图形学教程》，齐东旭教授编写的《分形及其计算机生成》，孙家广与胡事民教授编写的《计算机图形学基础教程》，以及国外学者 G. Farin 编著的 *Curves and Surfaces for CAGD: A Practical Guide*, M. Botsch 等编著的 *Polygon Mesh Processing*, 等等。在此表示衷心的感谢。中国科学技术大学图形计算与感知交互安徽省重点实验室的研究生潘茂东、郑野、翟晓雅、田玉峰、胡银雷、袁子健、周财进等为本书制作了大量的插图，在此一并致谢。

由于笔者水平有限，书中难免有不严谨的地方，欢迎读者批评指正。

作者

2023 年 11 月

目　　录

第一章　从电影说起

在诸如《大圣归来》《白蛇: 缘起》《哪吒之魔童降世》《流浪地球》《长安三万里》等国产 3D 大片以及《玩具总动员》《变形金刚》《侏罗纪公园》《阿丽塔: 战斗天使》《哈利·波特》《阿凡达》等好莱坞大片中, 精彩的特技镜头层出不穷: 炮火纷飞的大地、翻江倒海的巨浪、天崩地裂的火山、神秘莫测的魔窟、凶猛巨大的怪兽、法力无边的主人公, 等等, 给观众带来强烈的视觉冲击. 那么, 这些炫酷的特技是如何制作出来的呢?

事实上, 这些电影中的绝大多数特技都是用计算机图形学技术后期制作出来的. 计算机图形学是一门通过几何建模与图形绘制技术将现实与虚拟的场景在计算机环境中逼真地呈现出来的学科. 它在计算机辅助设计与制造、数据可视化、游戏与动画、电影制作、虚拟现实、计算机艺术等广泛的领域都有重要的应用. 在我们的日常生活中, 随处可见基于计算机图形学的技术与应用.

人类生活在一个三维 (3D) 世界中. 但由于距离及视点的限制, 我们无法看到这个世界的许多事物, 比如海洋中心的孤岛、太空中的星球或深海中的鱼等. 通过摄影技术, 人类能够获得这些物体的二维图像信息. 但要全方位地观察到物体的各个侧面, 则需要构建物体的三维模型, 也就是物体的三维几何表达, 这个过程称为几何建模. 然后, 需要产生物体的连续运动, 比如人体动画、关节动画、运动动画等, 以及高度物理仿真的动态模拟, 包括对各种形变、水、气、云、烟雾、燃烧、爆炸、撕裂、老化等物理现象的真实模拟, 这个过程称为动画. 最后, 利用各种光照模型模拟光线照射到三维几何模型上产生的颜色信息, 并投影到二维平面上, 从而生成一幅幅逼真的画面, 这个过程称为绘制. 几何建模、动画和绘制是计算机图形学的三个主要内容, 这里涉及大量复杂的计算和模拟. 一部电影中的特技镜头需要成百上千台图形工作站连续工作数月才能完成.

计算机图形学的另一个关键技术是人机交互, 即操作者可以通过操作杆、头盔甚至手势等与图形中的内容与对象进行交互. 人机交互是计算机游戏、虚拟现实等应用领域的基础技术.

1.1 大白其实就在你我身边

2014 年, 迪士尼与漫威联合出品了 3D 动画电影《超能陆战队》, 该电影获得了第 87 届奥斯卡 "最佳动画长片" 奖. 影片讲述了充气机器人大白与天才少年阿宏联手几个伙伴组成 "超能陆战队" 联盟, 共同作战抗击邪恶的故事. 为了使这部动画电影尽可能的真实, 导演唐·霍尔、克里斯·威廉姆斯和制作组曾先后拜访了卡内基梅隆大学、哈佛大学、麻省理工学院等著名高校的众多学者, 并将一些实验室的研究成果进行了加工美化后运用到电影中. 这部影片从头到尾都应用了计算机图形学中的几何建模、渲染和绘制等技术去模拟生成各种自然而又真实的动画效果, 从人物到环境, 从物理现象到仿真特技, 从皮肤的肌理到毛发的光泽, 从花草树木的缤纷色彩到建筑器具的形状材质, 等等.

移动医疗、机器人制造和人工智能 —— 可以说大白是时下最火热的三大科技产业的超级集合体. 大白的身体主要由智能芯片、碳纤维骨架、聚氯乙烯材料外壳、动力马达和超光谱摄像头等组成. 我们先说说超光谱摄像头, 它是一种基于方位和光谱三维 (两维方位 (x, y) 及一维波长) 信息探测的技术, 是新一代 "图谱合一" 的光电探测技术, 比传统相机或成像仪更能详细地探测目标辐射能量. 通俗地讲, 超光谱技术就是通过各类传感器将信息收集起来然后对其进行分析的技术, 而从收集到分析需要进行一系列算法过程. 现实生活中则通过光学摄像头、红外传感器等硬件进行实时扫描, 然后利用算法来分析处理这些数据信息. 对应到影片中就是大白通过摄像头等设备, 扫描目标用户, 感知其体征、健康状况和情绪, 然后采取相应的措施进行医疗护理.

接着, 让我们来回忆一下这个场景: 某天阿宏噼里啪啦地用电脑做出了一堆模型, 然后就见两个喷头开始快速工作, 不一会儿便完成了大白的装甲 —— 这一过程涉及计算机图形学领域中的两大技术, 一是在计算机平台的软件界面中进行三维建模, 二是近几年来热门的 3D 打印技术. 对应到大白的身体构造, 即聚氯乙烯材料外壳和碳纤维骨架, 这里聚氯乙烯材料大家应该十分熟悉了, 就是我们平常说的 PVC. 而碳纤维则是近年来材料界中最热点的方向, 虽说目前看来 3D 打印碳纤维还有些 "超前", 但不可否认的是这项技术的前景还是非常乐观的.

下面让我们来分析大白的种种行为. 首先是飞行, 片中根据物理模型计算出合理的飞行轨迹, 然后模拟其对周边环境所带来的影响, 如溅起的水花、撞到墙面时飞出的碎块. 同理推及大白的攻击, 也是在计算机中进行动作匹配使大白的行为看起来更加真实, 同时也包括模拟力的相互作用使攻击时的 "打击感" 更强. 再到片中打乒乓球的 KUKA (库卡) 机械臂、化学弹药和激光武器的各式特效, 甚至激光笔逗猫的桥段, 都是应用了计算机去模拟生成真实自然的效果.

1.2　小刺猬捧回大奖项

虚拟现实 (virtual reality, VR) 就是用计算机图形学技术在计算机环境中模拟高度逼真的现实与虚拟世界. 通过在虚拟世界中的操作和交互反过来能够帮助我们在真实世界中的生活和工作. 所谓 VR 影片, 是借助计算机系统及传感器技术生成三维环境, 创造出一种崭新的人机交互方式, 同时模拟人的视觉、听觉、触觉等感觉器官功能, 使人能够沉浸在虚拟世界中, 仿若身临其境.

2016 年, 由 Oculus (傲库路思) 公司出品的 VR 影片《刺猬亨利》(*Henry*) 获得美国艾美奖. 其实这部 VR 影片准确来说并不是我们通常所谓的影视大片, 而是一部仅仅长约 9 min 的动画短片. 片中讲述了一只小刺猬虽然极其渴望友情, 但身上那些天生的刺却频频无意地伤害他人, 大家的恐惧和回避让它备感孤独, 而后在它的生日聚会上发生了一系列神奇的转折最终使它 "抱得友人归" 的故事.

也许没看过该片的读者会奇怪如此简单的情节为何会斩获艾美奖这样的殊荣. 然而如果我们仔细察看奖项的具体名字便一目了然了. "优秀原创互动项目"——在影片的播放过程中, 观众可以加入影片中与这只小刺猬一起 "生活", 从它那温馨的小家, 到屋子里的各式摆设, 从它忙前忙后准备的生日聚会, 到蛋糕上那颗鲜艳欲滴的草莓…… 这些都可以让观众从各个角度来观察到. 观众所看到的画面是随着其头的朝向的变化而变化的. 观众就感觉处于影片的三维场景中. 而影片的音效也全程配合画面出现在不同的方位. 也就是说, 这些全景式的立体成像与环绕音响使得观众在视觉和听觉上能够完全沉浸于影片中. 同时, 该作品在表现上有着浓浓的皮克斯动画风格——它的导演 Ramiro Lopez Dau (拉米罗·洛佩斯·道) 曾在皮克斯工作 5 年, 而《刺猬亨利》的形象设计师也曾为梦工厂的系列动画片《马达加斯加》做过设计. 业界曾流传着这样一句话 "皮克斯出品, 必属精品". 那么皮克斯的设计加上 Oculus 的 VR 技术, 必属精品中的精品了.

一些主流的艺术公司和专业人士认为, 这个奖项的颁发正是 VR 技术逐渐被大众所认同的表现. 也就是说,《刺猬亨利》荣获艾美奖这一事件对于虚拟现实行业来说有着重要的意义, 这部影片如同 VR 娱乐界的一个里程碑, 它革新了传统线性视觉叙事的固有模式, 成功地将人们对电影的关注点从平面和 3D 领域扩展到了虚拟现实领域, 并成为虚拟现实技术在视频媒介领域推进道路上的一个节点. 在这一新兴的媒介平台上, 观者更容易被带入自然的场景氛围和情绪之中, 视觉、听觉、嗅觉、触觉, 甚至是味觉, 这种环境全域感的沉浸式体验彻底冲破了传统影院的维度, 同时通过 VR 眼镜和座位按钮的传感器等设备对观者的头、眼、手等部位的动作捕捉, 及时调整影像和音效的呈现, 继而形成人景互动, 激发观者的同理心和积极性. 如今已有越来越多的影视公司开始关注如何将虚拟现实融入主题创作中, 这些公司正不断地探索着 VR 电影的创新和票房潜力.

1.3　VR 技术简介

　　VR 是一种怎样的技术呢? 通俗地说, VR 就是利用计算机图形技术模拟出一个高度仿真的虚拟世界, 这个虚拟世界具备一系列为人所感知的功能, 从看、听到触摸, 甚至还有气味和味道 —— 从而使我们能够自然而然地沉浸其中. 其实虚拟现实也可以理解为人们通过计算机对一系列复杂数据进行可视化操作与交互的一种全新方式. 不同于传统的人机交互及如今较为普遍的界面操作 (如鼠标键盘的输入、显示器和音响的输出等) —— 它们将计算机和用户视为两个独立的个体, 把操作界面当成信息交换的媒介, 用户需要通过具体指令来提出需求, 虚拟现实则将计算机和用户视为一个整体, 用户可以通过各种可视信息进行直观的操作, 从而带来更为逼真自由的人机交互. 不难看出, 这一技术的核心就是可视化操作与交互所带来的 "沉浸". 而想要达到这种沉浸效果, 首要的便是创建一个全视角、多感知的虚拟世界, 其次就是保持这个虚拟世界与现实世界的同步, 即我们常说的实时交互.

　　简而言之, VR 技术就是对现实世界的追踪和对模拟环境的显示. 追踪是对多元信息的捕捉和采集, 在计算机图形学领域属于 "输入", 而显示则是生成动态逼真的三维立体图像, 在计算机图形学中被称为 "输出". 从追踪手段来看, 比如人脸识别、语音识别、动作识别和眼球捕捉以及各种感应器的捕捉等, 在支持这些设备工作的一系列算法之中, 我们都能发现计算机图形学的身影. 而当这些设备完成外部信息的采集后, 接下来的分析和检测等工作也继续仰仗计算机图形学强大的运算能力和广袤的学科范畴, 从图形处理到模型建立, 从场景布局模拟到环境渲染, 这些复杂的处理无一不是建立在计算机图形学基础上的. 另一方面, 从呈现形式来看, 高质量的、实时的图像生成以及高分辨率的显示无疑是虚拟现实中最根本的和最关键的核心所在 —— 也要用到计算机图形的绘制技术, 而这一技术当属计算机图形学领域中最前沿的技术之一.

追踪与显示的无缝结合便产生了自然逼真的实时交互, 用户通过负责输入的传感器与计算机输出的三维虚拟世界进行交互, 而这个虚拟世界发生改变后, 再通过这些传感器反馈给用户, 形成一个完整的闭环系统. 图 1.1 中, 用户戴上 VR 头盔, 就能看到立体的场景显示; 然后通过外部设备对用户行为的追踪, 就能让用户与虚拟世界进行交互. 例如当用户在空间中产生位移时, 传感器迅速进行捕捉并发送给计算机, 然后计算机立即进行一系列复杂的运算, 建立精确的三维模型, 再通过传感器回送给用户以产生临场感. 所以说, 计算机图形学是实现虚拟现实最重要的技术保证.

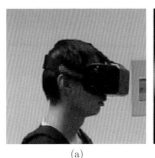 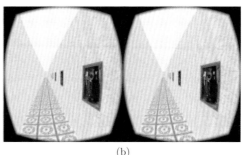

(a)   (b)

图 1.1 用户戴上 VR 头盔, 看到立体的场景显示

1.4 本书的主要内容

经过对以上两部动画影片的剖析, 读者可以看到, 三维图形和几何是表达空间物体的基础, 是计算机图形学的基本内容. 计算机图形学就是研究在计算机环境中图形的表示、生成、处理、显示和交互的相关原理与算法. 其主要内容可以分为四大部分: 几何建模、动画、绘制和人机交互. 本书的后续章节将在以下方面对这些内容进行介绍.

(1) 几何模型的表示

几何模型的表示就是利用数学和几何的方法将三维物体进行数字化表达. 物体的三维信息有多种表达方式, 包括多面体表示、参数表示、隐式表示、细分表示、分形表示等.

(2) 图形变换

要将三维图形显示到屏幕上, 决定因素有多种, 除了图形的几何大小和位置, 还涉及观察者 (相机) 的位置和方向, 视窗的大小等. 因此, 三维图形需要经过一系列几何变换才能投射到屏幕上.

(3) 图形绘制

经过变换后投射到屏幕上的图形, 在光线的作用下才能呈现反映空间位置的明暗变化. 物体上的一个点最终投射到屏幕上的一个像素, 其所呈现的颜色跟该点的法向量、该点的材质、光源的位置、视点方向等都有关系.

(4) 动画与仿真

三维物体的运动特性和物理特性与物体本身的材料特性及所处环境相关. 对现实世界的真实模拟和各种虽不存在于现实世界但看上去却感觉十分合理的物理现象和运动形态的计算, 是仿真与动画的重要内容.

(5) 几何图形处理

在很多应用中, 需要对三维几何图形进行各种处理计算. 首先, 要将微分几何的理论推广到离散表达的几何上来, 即要研究离散微分几何; 其次, 对几何模型要进行去噪、参数化、编辑变形等操作.

(6) 几何图形的应用

计算机图形学不断地促进与革新着我们身边的数字应用与产品, 计算机图形学的研究与应用早已深入我们生活的各个方面, 包括计算机动画、电影与娱乐、交互式游戏、工业设计与制造、虚拟现实与增强现实、3D 打印、数字城市与数字地球、计算机艺术等.

第二章　几何模型的表示

无论是影视作品和计算机游戏中的场景与角色, 还是现实生活中的自然景物与人造景观, 为了在计算机环境中将它们显示出来, 首先需要建立这些物体的几何模型, 也就是要用数学方程来描述它们. 几何模型的常见表示形式有多面体表示、参数表示、隐式表示、细分表示、分形表示等. 根据不同的应用场景并采用不同的几何表示形式后, 就可以通过一些手段构建复杂的几何模型. 下面, 我们分别对上述各种表示形式做简单的介绍.

2.1 多面体表示

多边形与多面体由于其表示的简洁性, 已成为计算机图形学领域最广泛的几何模型表示形式之一. 多边形与多面体表示都是对实际几何模型的线性逼近. 多边形用来表示二维几何图形 (的边界), 而多面体则用来表示三维几何图形 (的表面). 所谓多边形就是首尾相接的一系列线段构成的封闭区域. 复杂的模型通常由多个封闭的多边形来表示. 图 2.1 显示了若干用多边形表示的平面几何模型. 关于平面多边形, 通常的计算问题包括离散法向量、曲率、点的内外判别、凸包、中轴、求交、三角剖分、可见性判别、插值、变形等. 详细内容可见参考文献 [2].

(a)   (b)   (c)

图 2.1 平面多边形模型

多面体模型由点、线、面等基本元素构成. 多面体的顶点通过直线段 (边) 连接, 而面由封闭的平面多边形构成. 若干面合起来构成了多面体的表面. 一个复杂的三维几何模型可以通过多面体模型近似表示, 也称为网格模型. 较常见的网格模型包括三角形网格模型与四边形网格模型等. 图 2.2 给出了若干网格模型的例子.

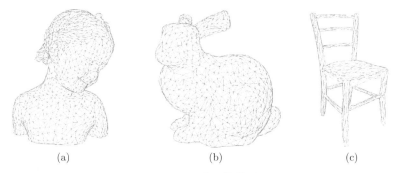

(a)   (b)   (c)

图 2.2   三维网格模型

要表示一个三维多面体模型, 需要以下要素:

(1) 多面体模型的所有顶点的集合 $\{V_1, V_2, \cdots, V_n\}$;

(2) 连接顶点之间的直线边集合 $\{E_1, E_2, \cdots, E_m\}$, 每个直线边 E_i 由两个顶点连接而成;

(3) 直线边构成的多边形表面的集合 $\{F_1, F_2, \cdots, F_k\}$, 每个面 F_i 由若干边构成.

一个封闭的多面体模型的顶点数、边数及面数遵从著名的 Euler (欧拉) 公式:

$$V - E + F = 2 - 2G \tag{2.1}$$

其中 V 是顶点数, E 是边数, F 是面数, G 是模型的 "洞" 的个数, 称为模型的亏格. 在图 2.3 的例子中, $V = 24, E = 48, F = 24, G = 1, V - E + F = 24 - 48 + 24 = 2 - 2 = 0$.

在图形学的应用中, 通常顶点数、边数与面数都很大, 而亏格 G 比较小, 故 $V + F \approx E$. 对于三角形网格模型, $E \approx 3V, F \approx 2V$. 而对于四边形网格模型, $E \approx 2V, F \approx V$.

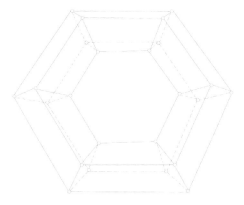

图 2.3　多面体模型的 Euler 公式

在计算机图形学中, 多面体模型是最常见的几何模型表示方法之一, 对它的处理包括法向量与曲率的计算、参数化、光滑化、简化、重构、编辑与变形等, 由此形成一个独立的学科分支 —— 数字几何处理. 我们将在第六章做详细的介绍.

2.2　参数表示

多面体表示简洁明了, 并且可以表示任意拓扑的几何模型. 但多面体表示一般来说面数、顶点数等数据量很大, 通常要用几万、几十万、几百万甚至更多面数的网格模型来表示一个实物模型. 并且由于多面体模型是对实际模型的线性逼近, 整体只有零阶光滑性, 因此不适合表示汽车、飞机等各种机械产品. 在计算机辅助设计 (computer aided design, 简记为 CAD) 领域, 通常利用参数方程来表示几何模型. 典型的表示形式有 Bézier 表示与 B 样条表示. 下面我们对此做简单介绍, 详细内容可参看文献 [3].

2.2.1　Bézier 表示

Piere Bézier (皮埃尔·贝塞尔) 是法国雷诺汽车公司的工程师, 他在 20 世纪 60 年代提出了一种表示曲线的直观的方法. 想象一个画家在描绘一条光滑曲线时是如何做的. 一般是用细小的线段绘制一个大致轮廓, 然后根据轮廓线描绘出一条光滑的曲线 (见图 2.4(c)). Bézier 模仿这种方式来产生一条数学上光滑的曲线.

定义 2.1 给定一个多边形, 其顶点顺次为 $P_0, P_1, \cdots, P_n$, 定义参数曲线

$$P(t) = \sum_{i=0}^{n} P_i B_i^n(t), \quad 0 \leqslant t \leqslant 1 \tag{2.2}$$

这里 $B_i^n(t) = \mathrm{C}_n^i t^i (1-t)^{n-i}$ 是 n 次 Bernstein (伯恩斯坦) 多项式. 称参数曲线 (2.2) 为 Bézier 曲线, 多边形 $P_0 P_1 \cdots P_n$ 为 Bézier 曲线的控制多边形. 称控制多边形的顶点为控制顶点.

图 2.4 显示了几条 Bézier 曲线及对应的控制多边形. 从图中可以看出, Bézier 曲线大体上与控制多边形的形状相一致.

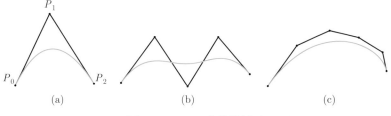

图 2.4　Bézier 曲线的例子

一次 Bézier 曲线

$$P(t) = P_0(1-t) + P_1 t, \quad 0 \leqslant t \leqslant 1$$

表示连接 P_0, P_1 的直线段, 参数 t 表示线段 $P_0 P(t)$ 与线段 $P_0 P_1$ 的长度之比.

二次 Bézier 曲线

$$P(t) = P_0(1-t)^2 + P_1 2t(1-t) + P_2 t^2, \quad 0 \leqslant t \leqslant 1$$

表示以 P_0, P_2 为端点的抛物线段, 并且由于

$$P'(0) = 2(P_1 - P_0), \quad P'(1) = 2(P_2 - P_1)$$

P_0P_1, P_2P_1 分别与抛物线在点 P_0, P_2 相切 (如图 2.4(a) 所示).

下面考虑二次 Bézier 曲线的求值问题. 固定参数 $t = t_0 \in [0,1]$, 则 $P(t_0)$ 可以改写为

$$P(t_0) = (1 - t_0)((1 - t_0)P_0 + t_0 P_1) + t_0((1 - t_0)P_1 + t_0 P_2)$$
$$= (1 - t_0)P_0^1(t_0) + t_0 P_1^1(t_0)$$

其中 $P_0^1(t_0) = (1 - t_0)P_0 + t_0 P_1$, $P_1^1(t_0) = (1 - t_0)P_1 + t_0 P_2$. 从几何上看, 设 P_0^1 是线段 P_0P_1 按比例 $t_0 : (1 - t_0)$ 的分割点, P_1^1 是线段 P_1P_2 按比例 $t_0 : (1 - t_0)$ 的分割点, P_0^2 是线段 $P_0^1P_1^1$ 按比例 $t_0 : (1 - t_0)$ 的分割点, 则 $P(t_0) = P_0^2$, 如图 2.5 所示. 这就是所谓的 Bézier 曲线的作图原理. 该作图算法也称为 de Casteljau 算法, 是以法国雪铁龙汽车公司的一位工程师 Paul de Casteljau (保罗·德·卡斯特里奥) 的名字命名的.

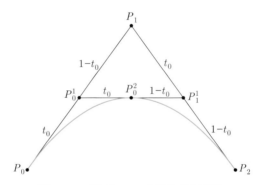

图 2.5　二次 Bézier 曲线的作图算法

de Casteljau 算法不仅可以计算 Bézier 曲线上一点的值, 同时将 Bézier 曲线分割为两段子 Bézier 曲线. 实际上, 容易验证

$$P'(t_0) = 2(P_1^1(t_0) - P_0^1(t_0)),$$

因此 $P_0^1P_1^1$ 与 Bézier 曲线相切于点 $P_0^2 = P(t_0)$. 这表明, 以 $P_0P_1P_2$ 为

控制顶点的 Bézier 曲线被分为分别以 $P_0P_0^1P_0^2$ 和 $P_0^2P_1^1P_2$ 为控制顶点的两段子 Bézier 曲线. 因此, de Casteljau 算法又称为分割算法.

从作图算法可以看出, Bézier 曲线有所谓的仿射不变形, 即 Bézier 曲线不依赖于坐标系的选取, 它只与控制顶点的位置有关. 实际上, de Casteljau 算法的每一步都是构造两个点的凸线性组合, 组合系数分别为 $t_0, 1-t_0$. 凸线性组合保证了曲线上的每一点都与坐标系的选取无关.

作图算法还说明了 Bézier 曲线具有所谓的凸包性, 即 Bézier 曲线位于控制顶点集合构成的凸包之内. 对于二次 Bézier 曲线, 其凸包就是三角形 $P_0P_1P_2$. 一般地, 控制顶点 $P_0, P_1, \cdots, P_n$ 的凸包就是包含这些控制顶点的最小凸多边形. 凸包内任意一点 P 可以表示成

$$P = \alpha_0 P_0 + \alpha_1 P_1 + \cdots + \alpha_n P_n, \quad \sum_{i=0}^n \alpha_i = 1, \alpha_i \geqslant 0, \ i = 0, 1, \cdots, n. \tag{2.3}$$

上述结果对任意 Bézier 曲线均成立.

定理 2.1 n 次 Bézier 曲线 (2.2) 具有以下性质:

(1) $P(0) = P_0, P(1) = P_1$, 即 Bézier 曲线插值控制多边形的起点与终点;

(2) Bézier 曲线在起点与终点都与控制多边形相切;

(3) Bézier 曲线位于控制多边形确定的凸包内;

(4) 仿射不变性, 即 Bézier 曲线只由控制顶点确定, 与坐标系的选取无关;

(5) 变差减缩性, 即任意一条直线与 Bézier 曲线交点的个数不超过该直线与控制多边形交点的个数.

这些性质 (除性质 5) 可以同二次 Bézier 曲线的性质一样类似地证明. 其中, 凸包性是由 Bernstein 多项式的单位剖分性 (即 $\sum_{i=0}^n B_i^n(t) \equiv 1$) 及非负性 (即 $B_i^n(t) \geqslant 0, t \in [0,1]$) 保证, 而仿射不变性则由 Bernstein

多项式的单位剖分性 (或者分割算法) 保证.

一般地, n 阶 Bézier 曲线的作图算法如下:

---

(1) 初始化: 令 $P_i^0 = P_i$, $\quad i = 0, 1, \cdots, n$;

(2) 对 $k = 1, 2, \cdots, n$, 令

$$P_i^k = (1 - t_0)P_i^{k-1} + t_0 P_{i+1}^{k-1}, \quad i = 0, 1, \cdots, n - k;$$

(3) 则 $P(t_0) = P_0^n$.

Bézier 曲线的几何作图法将 Bézier 曲线在 $t = t_0$ 分割为两段子 Bézier 曲线段: 在区间 $[0, t_0]$ 上一段 Bézier 曲线的控制顶点是 $P_0 P_0^1 \cdots P_0^n$; 在区间 $[t_0, 1]$ 上一段 Bézier 曲线的控制顶点是 $P_0^n P_1^{n-1} \cdots P_n$.

利用分割算法可以将一条 Bézier 曲线不断地分割成细小的 Bézier 曲线段, 即一分为二, 二分为四, 四分为八, 等等. 细分的 Bézier 曲线段就可以用它的控制多边形近似地表示, 即原来的 Bézier 曲线可以用这些细分后的 Bézier 曲线的控制多边形来逼近. 当分割次数足够多时, 控制多边形与 Bézier 曲线的误差可以小于指定的误差, 如图 2.6 所示. 这种技术可以用来绘制 Bézier 曲线 (转化为折线的绘制), 以及计算两条 Bézier 曲线的交线 (转化为两折线之间的交线).

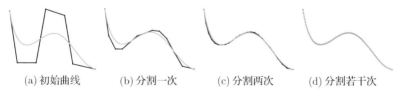

(a) 初始曲线　　(b) 分割一次　　(c) 分割两次　　(d) 分割若干次

图 2.6　Bézier 曲线的控制多边形逼近

特别地, 当分割次数趋于无穷时, 控制多边形收敛到 Bézier 曲线. 利用这个结论可以证明 Bézier 曲线的变差减缩性质. 实际上, 作图算法就是对控制多边形不断地 "割角" 的过程, 即切去一些角形成新的多边形.

容易证明, 割角过程保持变差减缩性质. 因此 Bézier 曲线作为多边形的极限也具有变差减缩性质.

Bézier 曲线还可以推广到有理形式.

定义 2.2 给定控制顶点 $P_0, P_1, \cdots, P_n$ 及对应的权因子 $w_0, w_1, \cdots,$ w_n, 相应的有理 Bézier 曲线定义为

$$R(t) = \frac{\sum_{i=0}^{n} w_i P_i B_i^n(t)}{\sum_{i=0}^{n} w_i B_i^n(t)}, \quad t \in [0, 1]. \tag{2.4}$$

有理 Bézier 曲线形式上是有理多项式, 它的每个控制顶点对应了一个权因子. 权因子越大, 有理 Bézier 曲线越靠近该控制顶点. 反之, 有理 Bézier 曲线越远离该控制顶点. 特别地, 当权因子都相等时, 有理 Bézier 曲线 (2.4) 退化为 Bézier 曲线 (2.2). 图 2.7 显示了具有相同控制多边形但不同权因子的有理 Bézier 曲线. 有理 Bézier 曲线的性质完全类似于多项式 Bézier 曲线的性质, 在此不再赘述.

(a) $(w_0, w_1, w_2, w_3) = (1,1,1,1)$ (b) $(w_0, w_1, w_2, w_3) = (1,5,2,1)$ (c) $(w_0, w_1, w_2, w_3) = (1,1,6,1)$

图 2.7 有理 Bézier 曲线

利用 Bézier 曲线, 设计师只需要描绘出控制多边形, 系统就会自动产生一条光滑的多项式曲线去逼近控制多边形. 设计师完全不需要懂得背后的数学理论就可以方便、直观地设计各种几何模型, 因此 Bézier 曲线非常适合应用于交互设计. 当然, 对于复杂的模型, 往往需要多条 Bézier 曲线来表示, 而这涉及如何将两段 Bézier 曲线光滑地拼接起来的问题. 详细内容可见参考文献 [3]. 图 2.8 给出了一些利用 Bézier 曲线设

计的几何模型的例子.

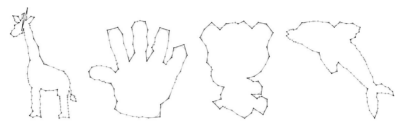

图 2.8　利用 Bézier 曲线设计的几何模型

Bézier 曲线可以方便地推广到张量积曲面的情形 (非张量积形式的 Bézier 曲面构造, 详见参考文献 [3]).

定义 2.3　给定三维空间中的控制顶点 $P_{ij},\ i = 0, 1, \cdots, m,\ j = 0, 1, \cdots, n$, 定义双次数为 (m, n) 的 Bézier 曲面为

$$P(s, t) = \sum_{i=0}^{m} \sum_{j=0}^{n} P_{ij} B_i^m(s) B_j^n(t), \quad (s, t) \in [0, 1]^2, \tag{2.5}$$

其中 $B_i^m(s) = \mathrm{C}_m^i s^i (1-s)^{m-i}$, $B_j^n(t) = \mathrm{C}_n^j t^j (1-t)^{n-j}$ 为 Bernstein 基函数. 用直线段连接控制顶点 $P_{ij}, P_{i,j+1}$ 和 $P_{ij}, P_{i+1,j}$ 构成的网称为控制网.

图 2.9 给出了两张 Bézier 曲面的例子.

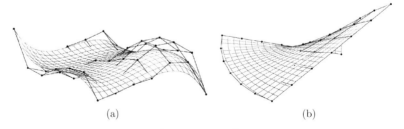

(a)　　　　　　　　　　　　　(b)

图 2.9　Bézier 曲面

当 $n = 1$ (或 $m = 1$) 时, Bézier 曲面即所谓的直纹面:

$$P(s, t) = (1-t) P_0(s) + t P_1(s),$$

其中 $P_j(s) = \sum_{i=0}^{m} P_{ij} B_i^m(s), j = 0, 1$. 图 2.9(b) 是一个直纹 Bézier 曲面的例子. 直纹面在工业设计, 例如建筑设计中有广泛的应用.

同 Bézier 曲线类似, Bézier 曲面具有良好的几何性质.

定理 2.2　(m, n) 次 Bézier 曲面 (2.5) 具有以下性质:

(1) $P(0,0) = P_{00}, P(1,0) = P_{m0}, P(0,1) = P_{0n}, P(1,1) = P_{mn}$, 即 Bézier 曲面插值控制网的四个角点;

(2) Bézier 曲面在角点与控制网相切, 例如三角形 P_{00}, P_{10}, P_{01} 与 Bézier 曲面在 P_{00} 处相切;

(3) Bézier 曲面位于控制顶点确定的凸包内;

(4) 仿射不变性, 即 Bézier 曲面的定义不依赖坐标系的选取.

Bézier 曲线的 de Casteljau 算法可以方便地推广到 Bézier 曲面上, 只需要对两个方向 s, t 分别实施 Bézier 曲线的 de Casteljau 算法. 设 $(s_0, t_0) \in [0,1]^2$, 则由于

$$P(s_0, t_0) = \sum_{i=0}^{m} P_i(t_0) B_i^m(s_0) = \sum_{i=0}^{m} \left(\sum_{j=0}^{n} P_{ij} B_j^n(t_0) \right) B_i^m(s_0) \quad (2.6)$$

我们先对 Bézier 曲线 $P_i(t) = \sum_{j=0}^{n} P_{ij} B_j^n(t)$, $i = 0, 1, \cdots, m$ 用 de Casteljau 算法计算 $P_i(t_0)$, 然后再用 de Casteljau 算法对 Bézier 曲线 $\sum_{i=0}^{m} P_i(t_0) B_i^m(s)$ 计算其在 $s = s_0$ 的值, 即得 $P(s_0, t_0)$.

不过与曲线情形稍有不同的是, Bézier 作图算法并没有完全实现曲面的分割. 设我们要将 Bézier 曲面 $P(s,t)$ 分成四个子 Bézier 曲面 $P^{kl}(s,t)$, $k, l = 1, 2$, 它们分别定义在区域 $[0, s_0] \times [0, t_0], [s_0, 1] \times [0, t_0], [0, s_0] \times [t_0, 1]$ 以及 $[s_0, 1] \times [t_0, 1]$ 上. 分割算法就是要求出 $P^{kl}(s,t), k, l = 1, 2$ 的控制顶点. 实际上, 这只需对上面的作图算法做适当改造就可以做到.

设对曲线 $P_i(t)$ 在 $t = t_0$ 分割得到两段子 Bézier 曲线的控制顶点,

分别为 $P_{ij}^1, P_{ij}^2, i = 0, 1, \cdots, m, j = 0, 1, \cdots, n$. 然后, 对曲线 $P_j^k(s) = \sum_{i=0}^{m} P_{ij}^k B_i^m(s)$ 在 $s = s_0$ 分割得到控制顶点 $P_{ij}^{lk}, i = 0, 1, \cdots, m, j = 0, 1, \cdots, n, k, l = 1, 2$. 则这些控制顶点正是四个子 Bézier 曲面 $P^{kl}(s, t)$ 的控制顶点. 具体如图 2.10 所示.

$$
\begin{array}{ccc}
P_{0n} \ P_{1n} \ \cdots \ P_{mn} \\
\vdots \quad \vdots \qquad \vdots \\
P_{01} \ P_{11} \ \cdots \ P_{m1} \\
P_{00} \ P_{10} \ \cdots \ P_{m0}
\end{array}
\xrightarrow{t=t_0}
\begin{array}{cc}
P_{0n}^2 \cdots P_{mn}^2 \\
\vdots \quad \vdots \\
P_{00}^2 \cdots P_{m0}^2 \\
\hline
P_{0n}^1 \cdots P_{mn}^1 \\
\vdots \quad \vdots \\
P_{00}^1 \cdots P_{m0}^1
\end{array}
\xrightarrow{s=s_0}
\begin{array}{cc|cc}
P_{0n}^{12} \cdots P_{mn}^{12} & P_{0n}^{22} \cdots P_{mn}^{22} \\
\vdots \quad \vdots & \vdots \quad \vdots \\
P_{00}^{12} \cdots P_{m0}^{12} & P_{00}^{22} \cdots P_{m0}^{22} \\
\hline
P_{0n}^{11} \cdots P_{mn}^{11} & P_{0n}^{21} \cdots P_{mn}^{21} \\
\vdots \quad \vdots & \vdots \quad \vdots \\
P_{00}^{11} \cdots P_{m0}^{11} & P_{00}^{21} \cdots P_{m0}^{21}
\end{array}
$$

图 2.10　Bézier 曲面的分割算法

利用 Bézier 曲面造型, 通常需要将多片 Bézier 曲面光滑地拼接起来以构造复杂的几何模型. Bézier 曲面的光滑性拼接是十分复杂且具有挑战性的问题, 有关细节详见参考文献 [3]. 图 2.11 显示了用 Bézier 曲面片拼接构建的潜艇与螺旋桨的模型.

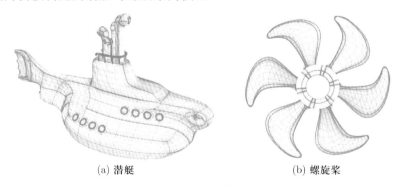

(a) 潜艇　　　　　　　　　　　(b) 螺旋桨

图 2.11　利用 Bézier 曲面造型实例

2.2.2　B 样条表示

Bézier 表示方式比较直观, 即通过控制多边形可以设计期望的曲线与曲面. 然而, Bézier 曲线与曲面只能设计简单的几何模型. 对于复杂的几何模型, 需要用多条 Bézier 曲线或多张 Bézier 曲面光滑拼接, 而曲线与曲面的光滑拼接并不是一件容易的事情. 样条曲线与曲面可以用一条曲线或一张曲面表示复杂的几何模型, 并自动保证几何模型光滑性的要求.

1. B 样条函数

样条函数本质上是分片的多项式, 其最早由 Schoenberg (申贝格) 于 1946 年系统地提出并研究. 经过近七十年的发展, 样条函数理论已较为成熟, 并在科学与工程计算中有着广泛的应用. 下面, 我们介绍一种非常重要且应用广泛的样条函数——B 样条函数.

定义 2.4 设 n, k 是给定的正整数, 实数域上的递增序列

$$\boldsymbol{T} = (t_0, t_1, t_2, \cdots, t_k, \cdots, t_{n+k}), \quad t_0 \leqslant t_1 \leqslant t_2 \leqslant \cdots \leqslant t_k \leqslant \cdots \leqslant t_{n+k}$$

称为节点向量, 这里 $t_i < t_{i+k}$. 节点向量 $\boldsymbol{T}$ 上的 k 阶 $(k-1$ 次$)$ B 样条函数递归地定义为

$$N_i^1(t) = \begin{cases} 1, & t \in [t_i, t_{i+1}), \\ 0, & \text{其他} \end{cases} \tag{2.7}$$

$$N_i^k(t) = \frac{t - t_i}{t_{i+k-1} - t_i} N_i^{k-1}(t) + \frac{t_{i+k} - t}{t_{i+k} - t_{i+1}} N_{i+1}^{k-1}(t), \quad k \geqslant 2, \tag{2.8}$$

其中约定 $\dfrac{0}{0} = 0$.

图 2.12 绘出了几个 B 样条函数的图形.

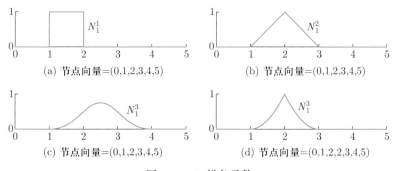

(a) 节点向量=(0,1,2,3,4,5) (b) 节点向量=(0,1,2,3,4,5)

(c) 节点向量=(0,1,2,3,4,5) (d) 节点向量=(0,1,2,2,3,4,5)

图 2.12 B 样条函数

一阶 (零次) B 样条函数是分段常数函数 (如图 2.12(a) 所示), 容易观察到它具有以下性质:

(1) 非负性: $N_i^1(t) \geqslant 0$;

(2) 局部支撑性: $N_i^1(t) = 0, t \notin [t_i, t_{i+1})$, 即 $N_i^1(t)$ 的支集为 $\sup N_i^1(t) = [t_i, t_{i+1})$;

(3) 单位剖分性: $\sum\limits_{i=0}^{n} N_i^1(t) \equiv 1, t \in [t_0, t_{n+1})$.

接下来, 我们来考虑二阶 B 样条函数的性质. 由递推公式 (2.8) 可得

$$N_i^2(t) = \begin{cases} \dfrac{t - t_i}{t_{i+1} - t_i}, & t \in [t_i, t_{i+1}), \\ \dfrac{t_{i+2} - t}{t_{i+2} - t_{i+1}}, & t \in [t_{i+1}, t_{i+2}). \end{cases} \tag{2.9}$$

故二阶 B 样条函数是分段线性函数, 即所谓的 "帐篷" 函数 (如图 2.12(b) 所示). 该函数具有与一阶 B 样条函数类似的性质:

(1) 非负性: $N_i^2(t) \geqslant 0$;

(2) 局部支撑性: $\sup N_i^2(t) = [t_i, t_{i+2})$;

(3) 单位剖分性: $\sum\limits_{i=0}^{n} N_i^2(t) \equiv 1, t \in [t_1, t_{n+1}]$;

(4) $N_i^2(t)$ 是节点向量 $\boldsymbol{T}$ 上的分段一次多项式;

(5) $N_i^2(t)$ 在单节点 t_j 处连续, 而在重节点处间断.

这里我们只对性质 (3) 与 (5) 做一个简单说明, 其他性质显然.

对任意区间 $[t_{i+1}, t_{i+2})$, 在该区间非零的函数只有 $N_i^2(t) = \dfrac{t_{i+2} - t}{t_{i+2} - t_{i+1}}$

及 $N_{i+1}^2(t) = \dfrac{t - t_{i+1}}{t_{i+2} - t_{i+1}}$, 此时显然有 $N_i^2(t) + N_{i+1}^2 \equiv 1, t \in [t_{i+1}, t_{i+2})$, 即性质 (3) 成立.

样条函数允许有重节点, 即节点可以相同或重复. 没有重复的节点称为单节点, 有重复的节点称为重节点. 重复的次数称为节点的重数. 要求节点 t_j 的重数 m_j 不超过样条的阶数 k. 因此, 二阶样条可以有二重

节点. 例如, 若 $t_{i+1} = t_{i+2}$ 是重节点, 则

$$N_i^2(t) = \begin{cases} \dfrac{t - t_i}{t_{i+1} - t_i}, & t \in [t_i, t_{i+1}), \\ 0, & \text{其他}, \end{cases}$$

此时 $N_i^2(t)$ 在 $t = t_{i+1} = t_{i+2}$ 不连续.

一般地, 可以用数学归纳法证明

定理 2.3 B 样条函数具有以下性质:

(1) **非负性**: $N_i^k(t) \geqslant 0$;

(2) **局部支撑性**: $\sup N_i^k(t) = [t_i, t_{i+k})$;

(3) **单位剖分性**: $\displaystyle\sum_{i=0}^{n} N_i^k(t) \equiv 1$, $t \in [t_{k-1}, t_{n+1}]$;

(4) $N_i^k(t)$ 是节点向量 $\boldsymbol{T}$ 上的分段 $k-1$ 次多项式;

(5) $N_i^k(t)$ 在节点 t_j 的连续阶为 $n - m_j$, 这里 m_j 是节点 t_j 的重数.

根据节点的间隔是否相同可以将样条函数分为均匀样条以及非均匀样条. 若 $t_{i+1} - t_i = h > 0$ 是一个固定的常值, 则称该样条为均匀样条, 否则称为非均匀样条. 对于均匀样条, 容易知道 $N_i^k(t) = N_{i+1}^k(t - h)$ 成立.

2. B 样条曲线与曲面

可以类似 Bézier 曲线定义 B 样条曲线.

定义 2.5 给定节点向量 $\boldsymbol{T} = (t_0, t_1, \cdots, t_{n+k})$ 及控制顶点 $P_0, P_1, \cdots, P_n$, 定义相应的 B 样条曲线为

$$P(t) = \sum_{i=0}^{n} P_i N_i^k(t), \quad t \in [t_{k-1}, t_{n+1}] \tag{2.10}$$

由于 B 样条函数本质上是分段的多项式函数, 因此 B 样条曲线由一系列 Bézier 曲线段构成, 并且整体上保持了一定的光滑性. 图 2.13 给出了若干 B 样条曲线的例子.

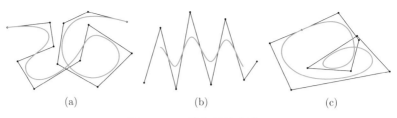

图 2.13　B 样条曲线的例子

Bézier 曲线是 B 样条曲线的特例. 事实上, 将节点向量 $\boldsymbol{T}$ 取为 $t_0 = t_1 = \cdots = t_{k-1} = 0$, $t_k = t_{k+1} = \cdots = t_{2k-1} = 1$, 其中 $n = k - 1$, 则 B 样条曲线退化为 Bézier 曲线.

定理 2.4　B 样条曲线有以下性质 (详见参考文献 [3]):

(1) **局部性**: 由于 B 样条函数的局部性, 对任意参数 $t \in (t_i, t_{i+1})$, $P(t)$ 的值最多与 k 个控制顶点 $P_j (j = i - k + 1, \cdots, i)$ 有关; 同样地, 每一个控制顶点 P_i 最多对 $P(t)$ 在区间 $[t_i, t_{i+k})$ 内的值产生影响, 不影响其他部分曲线.

(2) **连续性**: $P(t)$ 在节点 t_i 的连续阶为 $k - 1 - m_i$, 其中 m_i 是节点 t_i 的重数. 一般地, $P(t)$ 的导数为 $k - 1$ 阶的样条曲线:

$$P'(t) = (k - 1) \sum_{i=1}^{n} \left(\frac{P_i - P_{i-1}}{t_{i+k-1} - t_i} \right) N_i^{k-1}(t). \tag{2.11}$$

(3) **强凸包性**: $P(t)$ 在区间 $[t_i, t_{i+1}]$ 上的一段位于控制顶点 $P_j (j = i - k + 1, \cdots, i)$ 确定的凸包 C_i 内, 因此整条样条曲线位于凸包 C_i 的并集 $\bigcup_{i=k-1}^{n} C_i$ 之内.

(4) **几何不变性**: B 样条曲线的形状完全由其控制顶点及节点向量确定, 与坐标系的选取无关.

(5) **变差缩减性**: 任意一条直线与 B 样条曲线交点的个数不超过该直线与控制多边形交点的个数.

B 样条曲线的局部性及连续性分别由 B 样条函数的局部性及连续

性保证. 而强凸包性由 B 样条函数的单位剖分性及非负性保证, 几何不变性由 B 样条函数的单位剖分性保证, 而变差缩减性的证明有赖于后面要介绍的样条曲线的分割算法.

利用 B 样条曲线可以构造复杂的几何模型, 图 2.14 给出了若干例子.

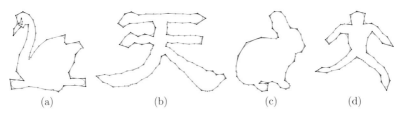

(a)   (b)   (c)   (d)

图 2.14 利用 B 样条曲线构造的几何模型

类似于 Bézier 曲线的 de Casteljau 算法, 利用 B 样条函数的递推公式 (2.8) 可以推导出计算 B 样条曲线的算法——de Boor (德布尔) 算法.

设 $t \in [t_r, t_{r+1})$, 计算 $P(t)$ 的递推公式如下:

$$
P_i^j = \begin{cases}
P_i, \quad j = 0, i = r-k+1, r-k+2, \cdots, r, \\
\dfrac{t-t_i}{t_{i+k-j}-t_i}P_i^{j-1} + \dfrac{t_{i+k-j}-t}{t_{i+k-j}-t_i}P_{i-1}^{j-1} = \alpha_i^j P_i^{j-1} + (1-\alpha_i^j)P_{i-1}^{j-1}, \\
\quad j = 1, 2, \cdots, k-1, i = r-k+j+1, r-k+j+2, \cdots, r,
\end{cases}
\tag{2.12}
$$

则 $P(t) = P_r^{k-1}$.

证明 对于 $t \in [t_r, t_{r+1})$, 由 B 样条函数的递推公式 (2.8) 有

$$
P(t) = \sum_{i=0}^{n} P_i N_i^k(t) = \sum_{i=r-k+1}^{r} P_i N_i^k(t)
$$

$$
= \sum_{i=r-k+1}^{r} P_i \left(\frac{t-t_i}{t_{i+k-1}-t_i}N_i^{k-1}(t) + \frac{t_{i+k}-t}{t_{i+k}-t_{i+1}}N_{i+1}^{k-1}(t) \right)
$$

$$= \sum_{i=r-k+1}^{r} \left(\frac{t - t_i}{t_{i+k-1} - t_i} P_i + \frac{t_{i+k-1} - t}{t_{i+k-1} - t_i} P_{i-1} \right) N_i^{k-1}(t)$$

$$= \sum_{i=r-k+1}^{r} P_i^1 N_i^{k-1}(t) = \cdots = \sum_{i=r-k+1}^{r} P_i^{k-1} N_i^1(t) = P_r^{k-1}.$$

上述算法可以用图 2.15 表示 (对应 $k = 4$ 的情形):

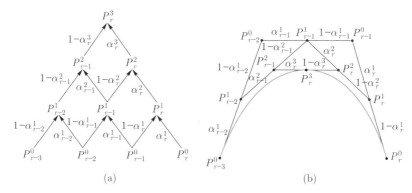

图 2.15　de Boor 算法

从上图我们可以看出, de Boor 算法同 de Casteljau 算法很类似, 差别是每次取线段的分割点时比例不一样. de Boor 算法与节点有关, 而 de Casteljau 算法只与参数 t 有关. 因此, de Boor 算法可以看成 de Casteljau 算法的推广.

同 de Casteljau 算法一样, de Boor 算法同时将样条曲线 $P(t)$, $t \in [t_{k-1}, t_{n+1}]$ 分割成两段子样条曲线. 设分割点为 $t^* \in [t_r, t_{r+1})$, 则左边一段子样条的节点向量为

$$\boldsymbol{T}_1 = (t_0, t_1, \cdots, t_r, t^*, \cdots, t^*) = (t_0^1, t_1^1, \cdots, t_r^1, t_{r+1}^1, \cdots, t_{n_1+k}^1)$$

其中 t^* 为 k 重节点, $n_1 = r$, 对应的样条表示为

$$P_1(t) = \sum_{i=0}^{n_1} \tilde{P}_i^1 N_i^{k,1}(t), \quad t \in [t_{k-1}, t^*], \tag{2.13}$$

其中 $N_i^{k,1}(t)$ 是定义在节点向量 $\boldsymbol{T}_1$ 上的 B 样条函数, 控制顶点

$$\tilde{P}_i^1 = \begin{cases} P_i, & i = 0, 1, \cdots, r-k+1, \\ P_i^{i-r+k-1}, & i = r-k+2, r-k+3, \cdots, r. \end{cases}$$

右边一段子样条的节点向量为

$$\boldsymbol{T}_2 = (t^*, \cdots, t^*, t_{r+1}, \cdots, t_{n+k}) = (t_0^2, t_1^2, \cdots, t_{n_2+k}^2),$$

其中 t^* 为 k 重节点, $n_2 = n+k-r-1$, 对应的样条表示为

$$P_2(t) = \sum_{i=0}^{n_2} \tilde{P}_i^2 N_i^{k,2}(t), \quad t \in [t^*, t_{n+1}], \tag{2.14}$$

其中 $N_i^{k,2}(t)$ 是定义在节点向量 $\boldsymbol{T}_2$ 上的 B 样条函数, 控制顶点

$$\tilde{P}_i^2 = \begin{cases} P_r^{k-i-1}, & i = 0, 1, \cdots, k-2, \\ P_{i-k+r+1}, & i = k-1, k, \cdots, n+k-r-1. \end{cases}$$

下面我们给出一个具体例子来说明 de Boor 算法.

例 2.1 设给定一条三次样条曲线 $P(t)$, 其节点向量为

$$\boldsymbol{T} = (0, 0, 0, 0, 1, 2, 2, 3, 4, 5, 6, 6, 6, 6)$$

故 $k=4, n=9$, 控制顶点为 $P_0, P_1, \cdots, P_9$, 曲线定义域为 $t \in [0, 6]$. 现用 de Boor 算法计算 $P(t)$ 在 $t=4$ 的值, 并将该样条曲线分为两段子样条曲线.

$P(4)$ 的值由 P_5, P_6, P_7, P_8 决定. 由 de Boor 算法有

$$P_6^1 = \frac{1}{3}P_5 + \frac{2}{3}P_6, \quad P_7^1 = \frac{2}{3}P_6 + \frac{1}{3}P_7, \quad P_8^1 = P_7,$$

$$P_7^2 = \frac{1}{2}P_6^1 + \frac{1}{2}P_7^1, \quad P_8^2 = P_7^1, \quad P_8^3 = P_7^2,$$

于是 $P(4) = P_8^3 = \frac{1}{6}P_5 + \frac{2}{3}P_6 + \frac{1}{6}P_7$.

与此同时, 曲线 $P(t)$ 在 $t=4$ 被分为两段. 左边一段曲线 $P_1(t)$ 的节点与控制点信息如下: 节点向量 $\boldsymbol{T}_1 = (0, 0, 0, 0, 1, 2, 2, 3, 4, 4, 4, 4)$, $n_1 = 7$, 控制顶点为 $P_0, P_1, P_2, P_3, P_4, P_5, P_6^1, P_7^2$. 右边一段曲线 $P_2(t)$ 的

节点向量与控制顶点为: 节点向量 $\boldsymbol{T}_2 = (4, 4, 4, 4, 5, 6, 6, 6, 6)$, $n_2 = 4$, 控制顶点为 $P_7^2, P_7^1, P_7, P_8, P_9$.

de Boor 算法实现了样条曲线的分割, 从几何上看, 它同 de Casteljau 算法类似, 也是一个割角的过程. 反复利用 de Boor 算法就可以将一条样条曲线分割成多段子样条曲线, 当分割后的子样条曲线长度较小时, 就可以用控制多边形替代子样条曲线. 这样给定任意的误差, 都可以将曲线分割足够多次, 使得该曲线可以由它分割后子样条曲线的控制多边形逼近, 而误差小于给定的误差. 当分割次数趋于无穷时, 控制多边形收敛到样条曲线. 利用这一条结论, 即可证明样条曲线的变差缩减性.

由于 B 样条曲线是分段多项式曲线, 因此可以转化为一系列 Bézier 曲线段. 在许多应用中, 将 B 样条曲线转化为一系列 Bézier 曲线段, 计算更方便些. 下面, 我们以三次 B 样条曲线为例说明转化过程.

由 de Boor 算法及求导公式 (2.11) 有

$$P(t_r) = P_r^3(t_r) = P_{r-1}^2(t_r), \quad P(t_{r+1}) = P_{r+1}^3(t_{r+1}) = P_r^2(t_{r+1}),$$
$$P'(t_r) = 3(P_{r-1}^1(t_r) - P_{r-1}^2(t_r)),$$
$$P'(t_{r+1}) = 3(P_r^2(t_{r+1}) - P_{r-1}^1(t_{r+1})),$$

这里 $P_i^j(t_l)$ 表示当 $t = t_l$ 时 de Boor 算法中的点 P_i^j. 比较三次 Bézier 曲线的表示可知, $P_{r-1}^2(t_r), P_{r-1}^1(t_r), P_{r-1}^1(t_{r+1}), P_r^2(t_{r+1})$ 恰为 B 样条曲线 $P(t)$ 的 $[t_r, t_{r+1}]$ 一段所对应的三次 Bézier 曲线的控制顶点, 如图 2.16 所示.

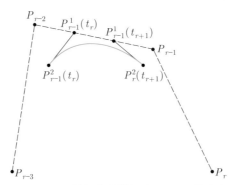

图 2.16 B 样条曲线转化为 Bézier 曲线段

例 2.2 对于例 2.1 中的样条曲线, $P(t)$, $t \in [3,4]$ 这一段曲线的 Bézier 表示如下:

$$P(t) = \sum_{i=0}^{3} \tilde{P}_i B_i^3(t-3), \quad 3 \leqslant t \leqslant 4,$$

其中

$$\tilde{P}_0 = P_6^2(3) = \frac{1}{4}P_4 + \frac{7}{12}P_5 + \frac{1}{6}P_6, \quad \tilde{P}_1 = P_6^1(3) = \frac{2}{3}P_5 + \frac{1}{3}P_6$$

$$\tilde{P}_2 = P_6^1(4) = \frac{1}{3}P_5 + \frac{2}{3}P_6, \quad \tilde{P}_3 = P_7^2(4) = \frac{1}{6}P_5 + \frac{2}{3}P_6 + \frac{1}{6}P_7$$

B 样条曲线的 de Boor 算法以及将一条样条曲线转化为分段 Bézier 曲线段的方法都可以通过所谓的节点插入技术来实现. 所谓节点插入就是在原来的节点向量中插入一个或若干个新的节点, 则原来的样条曲线在新的节点向量上仍然表示一条相同的 B 样条曲线 (从几何上看), 只是控制顶点与节点向量都发生了变化, 具体解释如下.

给定节点向量 $\boldsymbol{T} = (t_0, t_1, \cdots, t_{n+k})$ 及其上的 k 阶 B 样条曲线 (2.10), 现在某个区间 $[t_r, t_{r+1})$ 内插入一个节点 t^*, 得到新的节点向量

$$\boldsymbol{T}^* = (t_0, t_1, \cdots, t_r, t^*, t_{r+1}, \cdots, t_{n+k}) = (t_0^*, t_1^*, \cdots, t_{n+k+1}^*),$$

其中 $t_{r+1}^* = t^*$. 对应于该组节点向量, 原来的 B 样条曲线 (2.10) 可以表示为新的形式

$$P(t) = \sum_{i=0}^{n^*} P_i^* N_i^{k,*}(t), \quad t \in [t_{k-1}^*, t_{n^*+1}^*], \tag{2.15}$$

其中 $n^* = n+1, N_i^{k,*}(t)$ 是对应于节点向量 $\boldsymbol{T}^*$ 的 B 样条基函数, P_i^* 是相应于新的基函数的控制顶点.

1980 年, W. Boehm (玻姆) 给出了计算新的控制顶点的公式 (详见参考文献 [3]):

$$P_i^* = \begin{cases} P_i, & i = 0, 1, \cdots, r-k+1, \\ (1-\alpha_i)P_{i-1} + \alpha_i P_i, & i = r-k+2, r-k+3, \cdots, r, \\ P_{i-1}, & i = r+1, r+2, \cdots, n+1, \end{cases} \quad (2.16)$$

其中 $\alpha_i = \dfrac{t^* - t_i}{t_{i+k-1} - t_i}$. 由已知控制顶点 P_i 计算新的控制顶点 P_i^* 的算法称为节点插入算法, 或称为 Oslo (奥斯陆) 算法. 注意在上述公式中, 每插入一个节点只有中间 $k-1$ 个控制顶点发生了变化, 其他控制顶点保持不变, 并且新的控制顶点都落在原来的控制多边形上.

例 2.3 我们再次用例 2.1 来说明节点插入算法的实现. 比如, 我们要插入节点 $t^* = 4$, 则插入节点后样条曲线 $P(t)$ 的节点向量为 $\boldsymbol{T}^* = (0,0,0,0,1,2,2,3,4,4,5,6,6,6,6)$, 控制顶点为

$$P_i^* = P_i, 0 \leqslant i \leqslant 5; \quad P_6^* = P_6^1 = \frac{1}{3}P_5 + \frac{2}{3}P_6,$$

$$P_7^* = P_7^1 = \frac{2}{3}P_6 + \frac{1}{3}P_7, \quad P_i^* = P_{i-1}, \ 8 \leqslant i \leqslant 10.$$

若继续对上述样条再次插入节点 $t^* = 4$, 则新样条曲线的控制顶点为

$$P_i^{**} = P_i^*, 0 \leqslant i \leqslant 6, \quad P_7^{**} = P_7^2 = \frac{1}{2}P_6^* + \frac{1}{2}P_7^*,$$

$$P_i^{**} = P_{i-1}^*, \quad 8 \leqslant i \leqslant 11.$$

图 2.17 显示了节点插入后控制多边形的变化.

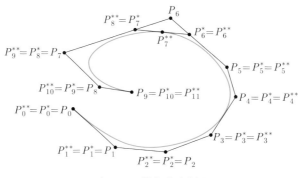

图 2.17 样条节点插入

观察上面的例子我们发现, 第一次插入节点 $t^* = 4$ 相当于实现了 de Boor 算法的第一步, 而再次插入节点 $t^* = 4$ 后, 相当于实现了 de Boor 算法的第二步. 此时, 样条节点 $t^* = 4$ 的重数为 3 重, de Boor 算法实际上已经完成. 实际上, 上述结论对一般样条曲线也成立, 即重复插入节点直至 t^* 为 $k-1$ 重, 则最后一次节点插入得到的控制顶点就是 $P(t)$ 在 $t = t^*$ 的值, 也就是说节点插入可以实现 de Boor 算法.

节点插入还可以将 B 样条曲线转化为一系列 Bézier 曲线段. 要计算 B 样条曲线在区间 $[t_r, t_{r+1}]$ 上的 Bézier 表示, 只需将节点 t_r 与 t_{r+1} 分别插入至 $k-1$ 重, 则所求 Bézier 曲线段的控制顶点可以从插值后样条曲线的控制顶点获得. 我们仍以例 2.1 中的样条曲线来加以说明.

例 2.4 我们继续例 2.3 的节点插入过程. 再次连续两次插入节点 $t^* = 3$, 则新样条的控制顶点为

$$P_i^{***} = P_i^{**}, 0 \leqslant i \leqslant 4, \quad P_5^{***} = \frac{1}{2}P_4^{**} + \frac{1}{2}P_5^{**},$$

$$P_6^{***} = \frac{1}{4}P_4^{**} + \frac{1}{2}P_5^{**} + \frac{1}{4}P_6^{**},$$

$$P_7^{***} = \frac{1}{2}P_5^{**} + \frac{1}{2}P_6^{**}, \quad P_i^{***} = P_{i-2}^{**}, 8 \leqslant i \leqslant 13$$

则 $P(t), t \in [3,4]$ 的 Bézier 表示的控制顶点是

$$P_6^{***} = P_6^2(3), \quad P_7^{***} = P_6^1(3), \quad P_8^{***} = P_6^1(4), \quad P_9^{***} = P_7^2(4).$$

B 样条曲线可以方便地推广到样条曲面.

定义 2.6 给定两个方向的节点向量 $\boldsymbol{S} = (s_0, s_1, \cdots, s_{m+k})$ 及 $\boldsymbol{T} = (t_0, t_1, \cdots, t_{n+l})$ 以及控制顶点 $P_{ij}, i = 0, 1, \cdots, m, j = 0, 1, \cdots, n$, 定义相应的 B 样条曲面为

$$P(s,t) = \sum_{i=0}^{m} \sum_{j=0}^{n} P_{ij} N_i^k(s) N_j^l(t), \quad (s,t) \in [s_{k-1}, s_{m+1}] \times [t_{l-1}, t_{n+1}], \tag{2.17}$$

其中 $N_i^k(s), N_j^l(t)$ 分别是关于节点向量 $\boldsymbol{S}$ 与 $\boldsymbol{T}$ 的样条函数.

图 2.18 给出了两个样条曲面的例子. 同 B 样条曲线一样, B 样条曲面具有局部性、强凸包性, 并且 de Boor 算法可以推广到 B 样条曲面计算样条曲面的值及分割样条曲面. 详细内容见参考文献 [3].

(a)   (b)

图 2.18　B 样条曲面

B 样条曲线与曲面除了可以方便地应用于几何模型的交互设计之外, 还可以应用于散乱数据的插值与拟合. 下面我们以 B 样条曲线的插值与拟合为例加以说明.

给定平面上点列 $Q_1, Q_2, \cdots, Q_N$, 插值问题就是要找一条 B 样条曲线 $P(t)$ (由 (2.10) 式定义) 通过给定点列, 即找一组恰当的参数 $u_1, u_2, \cdots, u_N$, 使得

$$P(u_i) = Q_i, \quad i = 1, 2, \cdots, N. \tag{2.18}$$

这里有两个问题要解决:

(1) 求一组恰当的参数 $u_1, u_2, \cdots, u_N$, 使之与点列 $Q_1, Q_2, \cdots, Q_N$ 对应, 即点列的参数化问题;

(2) 确定 B 样条曲线 $P(t)$ 的节点向量 $\boldsymbol{T} = (t_0, t_1, \cdots, t_{n+k})$ 及控制顶点 $P_0, P_1, \cdots, P_n$.

我们先来讨论参数化问题. 常用的参数选取方法如下:

(1) 均匀参数化: 均匀参数化又叫等距参数化, 即参数之间的间距相等. 假设参数化区间为 $[0, a]$, 则 $u_i = (i-1)/(N-1)a, i = 1, 2, \cdots, N$.

(2) 弦长参数化: 均匀参数化不考虑点列之间的间距, 采取相同的参数间隔. 而弦长参数化则考虑点列之间的不均匀性. 记 $d_i = |Q_i Q_{i+1}|$,

$L_i = \sum\limits_{j=1}^{i} d_i,\ i = 1, 2, \cdots, N-1$, 则 $u_1 = 0$, $u_i = L_{i-1}/L_{N-1}a$, $i = 2, 3, \cdots, N$.

(3) 向心参数化: 该参数化方法类似于弦长参数化, 只不过取 $L_i = |Q_iQ_{i+1}|^{\alpha}$, 这里 $0 < \alpha \leqslant 1$. 通常取 $\alpha = \dfrac{1}{2}$.

(4) 几何参数化: 该参数化取为均匀参数化与弦长参数化的几何平均.

除了上述基本参数化, 还有许多其他形式的参数化, 如保持仿射不变性的参数化, 同时考虑点列之间的长度与角度变化的参数化等.

接下来我们讨论 B 样条曲线 $P(t)$ 的节点选取与控制顶点求解问题. 为保证样条插值控制顶点的端点, 我们选取

$$\boldsymbol{T} = (t_0, t_1, \cdots, t_{k-1}, t_k, \cdots, t_n, t_{n+1}, \cdots, t_{n+k}),$$

其中 $0 = t_0 = t_1 = \cdots = t_{k-1} < t_k < \cdots < t_n < t_{n+1} = \cdots = t_{n+k} = a$, 内部节点可以简单地选取为均匀节点: $t_i = (i-k+1)/(n-k+2)a$, $i = k, k+1, \cdots, n$. 一种更优化的内部节点选取方式如下:

$$t_i = \frac{1}{k-1} \sum_{j=i-k+1}^{i-1} u_j, \quad i = k, k+1, \cdots, n,$$

其中 u_j 是对应插值点 P_j 的参数值.

确定好插值参数与样条曲线的节点后, 样条曲线的控制顶点 P_0, $P_1, \cdots, P_n$ 可以通过求解以下线性方程组得到:

$$\sum_{i=0}^{n} P_i N_i^k(u_j) = Q_j, \quad j = 1, 2, \cdots, N, \tag{2.19}$$

其中 $n = N-1$. 图 2.19 给出了在等距参数化、弦长参数化、向心参数化三种不同参数化下插值一组点列的结果.

在许多实际应用中, 通常点列 $Q_1, Q_2, \cdots, Q_N$ 并不能准确获取, 也就是说它们具有一定的误差. 这时候严格插值点列 $Q_1, Q_2, \cdots, Q_N$ 没有

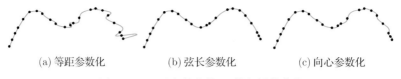

(a) 等距参数化   (b) 弦长参数化   (c) 向心参数化

图 2.19   不同参数化的 B 样条插值曲线

多大实际意义, 为此我们极小化插值偏差 $P(u_j) - Q_j$ 的平方和

$$\min f(P_0, P_1, \cdots, P_n) = \sum_{j=1}^{N} (P(u_j) - Q_j)^2. \tag{2.20}$$

上述问题被称为最小二乘拟合问题. 令 $\dfrac{\partial f}{\partial P_l} = 0, l = 0, 1, \cdots, n$, 得到关于 $P_0, P_1, \cdots, P_n$ 的线性方程组:

$$\sum_{i=0}^{n} \left(\sum_{j=1}^{N} N_i^k(u_j) N_l^k(u_j) \right) P_i = \sum_{j=1}^{N} Q_j N_l^k(u_j), \quad l = 0, 1, \cdots, n. \tag{2.21}$$

记 $\boldsymbol{A} = (N_i^k(u_j))_{N \times (n+1)}$, $\boldsymbol{b} = (Q_1, Q_2, \cdots, Q_N)^{\mathrm{T}}$, $\boldsymbol{x} = (P_0, P_1, \cdots, P_n)^{\mathrm{T}}$, 则上述方程组可以写成矩阵形式:

$$\boldsymbol{A}^{\mathrm{T}} \boldsymbol{A} \boldsymbol{x} = \boldsymbol{A}^{\mathrm{T}} \boldsymbol{b}.$$

求解上述方程组即得控制顶点 $P_0, P_1, \cdots, P_n$.

无论插值问题还是拟合问题, 点列 $Q_1, Q_2, \cdots, Q_N$ 的参数化对结果都有较大影响. 因此, 有许多工作通过计算插值或拟合结果进而重新调整参数化, 详见参考文献 [3].

2.3   隐式表示

隐式表示是曲线与曲面的另一种常见的表示形式. 所谓隐式表示就是用一个隐式方程来表示曲线与曲面. 方程

$$f(x, y) = 0 \tag{2.22}$$

表示一条隐式曲线. 例如, $x^2 + y^2 - 1 = 0$ 表示单位圆.

$$f(x, y, z) = 0 \tag{2.23}$$

则表示一个隐式曲面. 例如, $x^2 + y^2 + z^2 - 1 = 0$ 表示单位球面.

隐式曲线可以看成二元函数 $z = f(x, y)$ 的等值线, 也就是函数 $z = f(x, y)$ 的图像与平面截面 $z = c$ 的交线, 这里 c 为常数. 类似地, 隐式曲面可以看成三元函数 $w = f(x, y, z)$ 的等值面. 图 2.20(a) 绘出了函数 $z = \mathrm{e}^{-(x-1)^2-y^2} + \mathrm{e}^{-(x+1)^2-y^2}$ 的等值线, 每一条等值线都是一条隐式曲线. 图 2.20(b) 与 (c) 绘出了三元函数 $w = \mathrm{e}^{-(x-1)^2-y^2-z^2} + \mathrm{e}^{-(x+1)^2-y^2-z^2}$ 的等值面, 也就是隐式曲面. 当 f 是一个多项式时, $f = 0$ 称为代数曲线或代数曲面, 如球面、椭球面、环面等都是代数曲面. 而当 f 是一个样条函数时, 称对应的曲线或曲面为代数样条曲线或代数样条曲面.

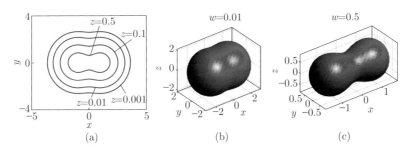

图 2.20　隐式曲线与曲面作为函数的等值线与等值面

利用隐式表示还可以表示几何体. 一般地, $a \leqslant f(x, y) \leqslant b$ 表示一个平面区域, 而 $a \leqslant f(x, y, z) \leqslant b$ 表示一个几何体. 例如, $x^2 + y^2 + z^2 \leqslant 1$ 表示一个球体.

用代数曲面构造几何模型通常需要将多个代数曲面片光滑地拼接起来. 每个曲面片用其他曲面 (如平面) 与给定曲面相交截取边界. 设 $f = 0$ 是一个给定曲面, C 是由 $f = 0$ 与 $h = 0$ 确定的交线, 则曲面 $g = 0$ 沿公共边界 C 与 $f = 0$ 达到 k 阶光滑拼接的条件可表示为: 存在多项式

a, b, 使得

$$g = af + bh^{k+1} \qquad (2.24)$$

成立, 详见参考文献 [5]. 利用上述拼接条件可以构造光滑的分片代数曲面以及过渡曲面. 图 2.21 给出了若干代数曲面及其拼接的实例.

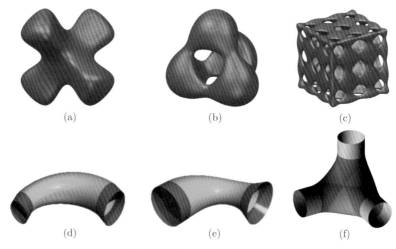

(a)　　　　　　(b)　　　　　　(c)

(d)　　　　　　(e)　　　　　　(f)

图 2.21　代数曲面及其拼接

隐式表示的一个明显优点是, 容易判别一个给定点是否在曲面上、内部或外部. 实际上, 只需要将该点坐标代入方程 f, 并检查所求结果的符号. 另外, 隐式表示做几何模型的布尔运算比较方便. 所谓几何模型的布尔运算就是并 ($\cup$)、交 ($\cap$)、差 ($-$) 等基本运算. 设 $f \leqslant 0$ 及 $g \leqslant 0$ 分别表示两个立体几何模型, 则

$$(f \leqslant 0) \cup (g \leqslant 0) = (\min(f, g) \leqslant 0),$$
$$(f \leqslant 0) \cap (g \leqslant 0) = (\max(f, g) \leqslant 0), \qquad (2.25)$$
$$(f \leqslant 0) - (g \leqslant 0) = (\max(f, -g) \leqslant 0).$$

图 2.22(a), (b), (c) 给出了几何模型布尔运算的示意图. 利用布尔运算可以构造复杂的几何模型, 图 2.22(d) 给出了利用布尔运算构建几何模型的实例.

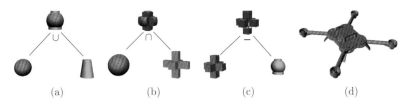

(a)　　　　　(b)　　　　　(c)　　　　　(d)

图 2.22　隐式曲面的布尔运算

相比于参数表示, 隐式表示的缺陷是获取曲面上的点较困难, 并且其形状不容易控制. 为了较好地控制隐式曲线与曲面的形状, 隐函数 f 通常表示成一组基函数的线性组合

$$f(X) = \sum_{i=1}^{n} f_i \phi_i(X), \tag{2.26}$$

其中 $X = (x, y)$ 或 (x, y, z), $\phi_i(X)$ 是一组基函数. 基函数 ϕ 应具有较好的性质, 如非负性、局部支撑性等. 若取 ϕ_i 为 Bernstein 基函数, 则对应的隐式表示就是代数曲面的 Bézier 表示; 若取 ϕ_i 为样条基函数, 则对应的隐式表示就是代数样条. 另一种常见的隐式表示形式是取 ϕ_i 为所谓的径向基函数 (radial basis function, 简记为 RBF), 此时隐式表示形式为

$$f(X) = \sum_{i=1}^{n} f_i \phi(\|X - C_i\|) = 0, \tag{2.27}$$

其中 $C_i \in \mathbb{R}^2$ 或 $C_i \in \mathbb{R}^3$ 表示二维或三维空间中的点. $\|\cdot\|$ 表示向量的范数.

函数 ϕ 有不同的取法, 比如 $\phi(r) = r^3$, $\phi(r) = 1/r^2 + h^2$, $\phi(r) = e^{-r^2}$ 等. 为计算方便, 且保证 ϕ 具有有界支集, 常用分段多项式函数替代 Gauss (高斯) 函数

$$\phi(r) = \begin{cases} (r^2/R^2 - 1)^2 (9 - 4r^2/R^2)/9, & 0 \leqslant R, \\ 0, & r \geqslant R \end{cases}$$

其图形如图 2.23 所示.

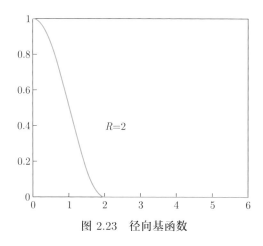

图 2.23　径向基函数

利用径向基函数隐式表示, 可以构建十分复杂的几何模型. 假设我们构造了一个实物模型, 利用激光扫描仪获取该实物模型的三维点云数据 (如图 2.24(a), (b), (c) 所示). 我们的目标是构造一个隐式曲面拟合给定的点云数据, 这种构造几何模型的方法称为曲面重构. 有多种实现隐式曲面重构的方法, 包括径向基函数重构、代数样条重构、移动最小二乘重构、Poisson (泊松) 方程重建等. 下面我们以径向基函数重构为例加以说明.

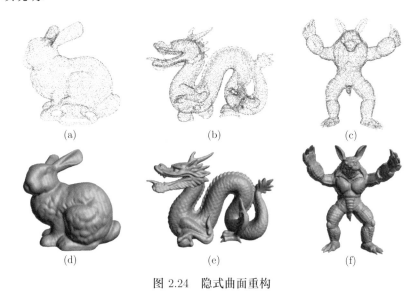

图 2.24　隐式曲面重构

假设我们已获得三维空间点云 $\{X_i\}_{i=1}^N$, 我们的目标是构造隐式函数 (2.27), 使得

$$f(X_i) = 0, \quad i = 1, 2, \cdots, N. \tag{2.28}$$

显然, 该问题有平凡的解 $f(X) \equiv 0$. 为避免该情况发生, 我们要求 $f(X)$ 还要插值一些其他的点. 为此, 我们估计曲面在点 P_i 的单位法向量 $\boldsymbol{n}_i$, 再沿 $\boldsymbol{n}_i$ 分别向曲面内外移动距离 d_i 得到点 X_i^+, X_i^-, 由此得到额外的条件:

$$f(X_i^+) = d_i, \quad f(X_i^-) = -d_i, \quad i \in I,$$

其中 I 是指标集合: $I \subset \{1, 2, \cdots, N\}$. 这样, 隐式曲面重构问题转化为一个一般的插值问题: 求隐函数 (2.27) 满足

$$f(X_i) = h_i, \quad i = 1, 2, \cdots, N'. \tag{2.29}$$

为进一步保证上述问题解的存在与唯一性, 将 $f(X)$ 修改为

$$f(X) = \sum_{i=1}^{N'} f_i \phi(\|X - X_i\|) + p(x), \tag{2.30}$$

其中 $p(x)$ 为一个次数不超过 k 的多项式 (通常一次多项式即可), 并要求 f_i 满足正交性条件:

$$\sum_{i=1}^{N'} f_i p(X_i) = 0 \tag{2.31}$$

对所有次数不超过 k 的多项式 $p(x)$ 成立. 联合 (2.29), (2.30) 与 (2.31) 即得关于 f_i 的线性方程组. 可以证明该线性方程组的解存在且唯一, 由此求得插值给定点云数据 $\{X_i\}_{i=1}^N$ 的隐式曲面. 图 2.24(d), (e), (f) 显示了若干隐式曲面重构实例.

将 (2.27) 式中的和式取极限即得到积分形式, 这就是所谓的卷积曲面

$$f(P) = \int_S e^{-\|P-Q\|^2/2} dQ = c, \tag{2.32}$$

其中 S 称为卷积曲面的骨架, c 为给定常数. 给定一个骨架, 利用卷积曲面就可以生成一个 "蒙皮" 的几何模型, 图 2.25 给出了一些卷积曲面的实例. 卷积曲面可以较好地通过骨架控制曲面的几何形状, 通过改变骨架的形状就可以改变相应的几何模型. 因此, 卷积曲面可以用来做动画变形等应用. 关于隐式曲线与曲面造型的进一步理论与应用可参考文献 [5].

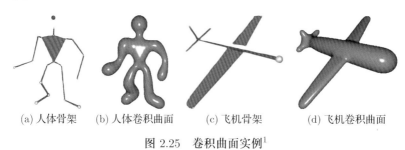

(a) 人体骨架　　(b) 人体卷积曲面　　(c) 飞机骨架　　(d) 飞机卷积曲面

图 2.25　卷积曲面实例[1]

2.4　细分表示

2.4.1　细分曲线

细分曲线是从一个初始的多边形出发, 通过一个所谓的 "割角" 过程生成的光滑曲线. 这里 "割角" 是一个不断迭代的过程, 直至无穷. 我们用一个简单的例子加以说明, 如图 2.26 所示. 给定一个多边形, 将多边形的每条边一分为三, 然后将多边形的每一个顶点处的小三角形去掉 (如图 2.26(b) 中的三角形 ABC), 这就是一次 "割角" 的过程. 该过程一直进行下去直至无穷, 最后得到的极限曲线就是所谓的细分曲线.

上述割角的方法被称为 Chaikin (柴金) 算法. Chaikin 算法于 1974 年由 Chaikin 提出, 当时他提出该方法的目的是给出产生一条光滑曲线的简单方法. Chaikin 算法可以用数学公式表述如下:

给定初始多边形 $P_0P_1\cdots P_n$, 定义一个新的多边形, 它共有 $2n$ 个顶

---

[1]本图片由浙江大学金小刚教授提供.

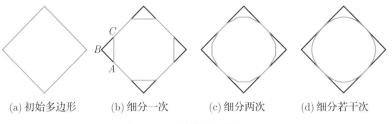

| (a) 初始多边形 | (b) 细分一次 | (c) 细分两次 | (d) 细分若干次 |

图 2.26　细分曲线的生成

点 P_i^1, $i = 0, 1, \cdots, 2n-1$, 这些顶点位于初始多边形的边上, 且按一定比例分割多边形的边:

$$P_{2i}^1 = \frac{3}{4}P_i + \frac{1}{4}P_{i+1}, \quad P_{2i+1}^1 = \frac{1}{4}P_i + \frac{3}{4}P_{i+1}, \quad i = 0, 1, \cdots, n-1. \quad (2.33)$$

新产生的多边形 $P_0^1 P_1^1 \cdots P_{2n-1}^1$ 就是对原多边形的一次割角过程. 对该算法不断迭代, 其极限曲线就是所谓的 Chaikin 曲线. 公式 (2.33) 被称为一个迭代格式.

显然, 不同的迭代格式可以产生不同的极限曲线. 例如, 四点细分格式就是另一种常见的曲线细分格式 (如图 2.27 所示):

$$P_{2i}^1 = P_i, \quad P_{2i+1}^1 = \frac{1}{16}(-P_{i-1} + 9P_i + 9P_{i+1} - P_{i+2}). \quad (2.34)$$

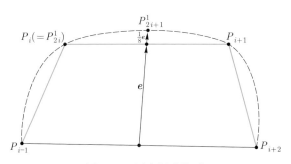

图 2.27　四点细分格式

该细分格式有一个特点, 就是在下一层迭代中, 上一层的多边形顶点保持不动, 再在每两个相邻顶点中插入一个新顶点. 这种格式称为插值型细分格式. 不是插值型的细分格式称为逼近型细分格式, 如 Chaikin 细分格式.

一般地, 细分曲线的迭代格式如下:

$$P_i^k = \sum_{j=i-l}^{i+m} \alpha_{ij} P_j^{k-1}, \quad k = 1, 2, \cdots, \tag{2.35}$$

其中常数 $\alpha_{ij}, j = i - l, i - l + 1, \cdots, i + m$ 称为细分模板, 它满足

$$\sum_{j=i-l}^{i+m} \alpha_{ij} = 1, \quad i = 1, 2, \cdots.$$

关于细分曲线有下列基本问题:

(1) 迭代格式的构造: 如何构造好的迭代格式?

(2) 收敛性: 迭代格式产生的极限曲线是否存在?

(3) 光滑性: 细分曲线的光滑性如何?

(4) 几何计算: 如何计算细分曲线上的点及其对应的法向量等几何信息?

下面我们以 Chaikin 格式为例, 对收敛性问题做一点分析.

考虑由四个点 $P_{i-1}, P_i, P_{i+1}, P_{i+2}$ 按迭代格式产生的新的多边形顶点 $P_{2i-1}^1, P_{2i}^1, P_{2i+1}^1, P_{2i+2}^1$, 由迭代格式有

$$\begin{pmatrix} P_{2i-1}^1 \\ P_{2i}^1 \\ P_{2i+1}^1 \\ P_{2i+2}^1 \end{pmatrix} = \frac{1}{4} \begin{pmatrix} 1 & 3 & 0 & 0 \\ 0 & 3 & 1 & 0 \\ 0 & 1 & 3 & 0 \\ 0 & 0 & 3 & 1 \end{pmatrix} \begin{pmatrix} P_{i-1} \\ P_i \\ P_{i+1} \\ P_{i+2} \end{pmatrix}.$$

记上式右端常值矩阵为 $\boldsymbol{A}$, 称 $\boldsymbol{A}$ 为细分格式的迭代矩阵. 通过计算 $\boldsymbol{A}$ 的特征值与特征向量可以将矩阵 $\boldsymbol{A}$ 分解为

$$\boldsymbol{A} = \boldsymbol{T}\boldsymbol{\Lambda}\boldsymbol{T}^{-1} = \begin{pmatrix} 1 & -3 & 0 & 1 \\ 1 & -1 & 0 & 0 \\ 1 & 1 & 0 & 0 \\ 1 & 3 & 1 & 0 \end{pmatrix} \begin{pmatrix} 1 & 0 & 0 & 0 \\ 0 & \dfrac{1}{2} & 0 & 0 \\ 0 & 0 & \dfrac{1}{4} & 0 \\ 0 & 0 & 0 & \dfrac{1}{4} \end{pmatrix} \begin{pmatrix} 0 & \dfrac{1}{2} & \dfrac{1}{2} & 0 \\ 0 & -\dfrac{1}{2} & \dfrac{1}{2} & 0 \\ 0 & 1 & -2 & 1 \\ 1 & -2 & 1 & 0 \end{pmatrix}$$

于是

$$\lim_{k\to\infty} \boldsymbol{A}^k = \begin{pmatrix} 0 & \dfrac{1}{2} & \dfrac{1}{2} & 0 \\ 0 & \dfrac{1}{2} & \dfrac{1}{2} & 0 \\ 0 & \dfrac{1}{2} & \dfrac{1}{2} & 0 \\ 0 & \dfrac{1}{2} & \dfrac{1}{2} & 0 \end{pmatrix}.$$

这样当迭代次数 k 趋于无穷时, $P_{i-1}^k, P_i^k, P_{i+1}^k, P_{i+2}^k$ 都趋于点 $\dfrac{1}{2}P_i + \dfrac{1}{2}P_{i+1}$.

实际上, 上述结论并不意外. 考虑均匀节点上的二次 B 样条曲线, 设其控制顶点为 P_i, $i = 0, 1 \cdots, n$. 在上述节点的中点插入新的节点, 则插入节点后, 新的控制顶点 P_i^1 正好满足公式 (2.33). 这表明, 由迭代格式 (2.33) 确定的细分曲线正好是均匀节点上的二次 B 样条曲线! 因此, 可以看出细分曲线是样条曲线的推广.

细分曲线有许多好的性质, 如: 仿射不变性、凸包性 (如果模板是非负的)、纯几何 (无参数) 表示等. 但细分曲线没有解析表示, 其光滑性分析及求值比较困难.

2.4.2 细分曲面

细分曲线可以方便地推广到曲面情形, 其基本思想是从一个任意多面体出发, 按照一定的迭代格式产生新的多面体. 若该多面体序列收敛, 其极限曲面就是所谓的细分曲面. 下面我们介绍三种常见的细分曲面: Doo–Sabin (杜－萨宾) 曲面、Catmull–Clark (卡特姆－克拉克) 曲面和 Loop (洛普) 曲面.

1. Doo–Sabin 细分曲面

Doo–Sabin 细分曲面是 Chaikin 细分曲线在曲面上的推广. 设初始多面体的顶点为 $\{P_i\}_{i=1}^N$, 新的多面体按如下方式产生 (详见图 2.28):

(1) 产生面点: 对每一个面, 计算该面各顶点的加权平均点:

$$P_i^1 = \sum_{j=1}^{n} \alpha_{ij} P_j, \quad i = 1, 2, \cdots, n,$$

这里 n 是该面顶点数,

$$\alpha_{ii} = \frac{n+5}{4n}, \quad \alpha_{ij} = \frac{3 + 2\cos(2(i-j)\pi/n)}{4n} \ (j \neq i).$$

这样, 每一个面的每一个顶点产生一个相应的新顶点, 且它位于该面之内.

(2) 产生多面体: 将第一步产生的新点用线段相连, 构造新的面. 这里有三种类型的面. 第一类面是原来在一个面内的新点按逆时针方向用线段相连形成一个面, 称为 F 面. 第二类面是对原多面体的每一条边, 与该边连接的两个面各有两个新点, 顺次连接这四个点形成一个四边形的面, 称为 E 面. 第三类面是对原多面体的每一个顶点, 在该点相交的面各有一个新点, 顺次连接这几个点形成的面, 称为 V 面. 这三种面的全体构成一个新的多面体.

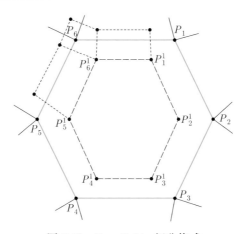

图 2.28 Doo–Sabin 细分格式

按上述格式迭代最后生成的极限曲面就是 Doo–Sabin 曲面. 它是双二次 B 样条曲面向任意拓扑上的推广. 图 2.29 给出了 Doo–Sabin 细分曲面的若干例子.

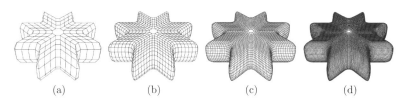

$$(a) \qquad (b) \qquad (c) \qquad (d)$$

图 2.29 Doo–Sabin 细分曲面

2. Catmull–Clark 细分曲面

给定初始多面体, 设其顶点为 $\{P_i\}_{i=1}^N$. Catmull–Clark 曲面细分规则如下:

(1) 生成面点 F_i: 对每个面, 计算该面的中心作为面点;

(2) 生成边点 E_i: 对每条边, 计算该边的两个端点及相邻的两个面点的平均点作为边点;

(3) 生成顶点 V_i: 设围绕顶点 P_i 有 n 个面, 计算新顶点

$$V_i = P_i + \frac{2}{n}(R_i - P_i) + \frac{1}{n}(Q_i - P_i),$$

其中 R_i 为以 P_i 为一个端点的 n 条线段中点的平均, Q_i 为以 P_i 为一个顶点的 n 个邻面的面点平均;

(4) 形成面: 按照 "面点 — 边点 — 顶点 — 边点" 方式形成四边形的面, 如图 2.30 所示.

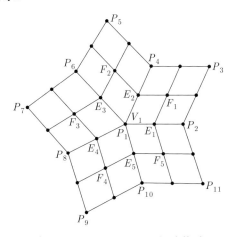

图 2.30 Catmull–Clark 细分格式

由 Catmull–Clark 曲面的细分规则知道, 一次 Catmull–Clark 细分产生的多面体每一个面都是四边形, 这是一个有用的性质. Catmull–Clark 细分曲面是双三次样条曲面在任意拓扑上的推广. 图 2.31 给出了 Catmull–Clark 细分曲面的若干实例.

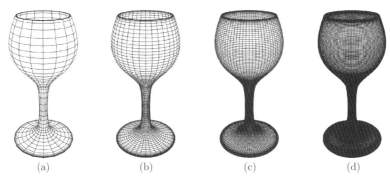

图 2.31 Catmull–Clark 细分曲面

3. Loop 细分曲面

Loop 细分格式是基于三角形网格的细分方式. 其细分规则如下:

(1) 形成边点 E_i: 设该边的两端点为 P_1, P_2, 以该边为边的两个三角形的另两个顶点分别为 P_3, P_4, 则

$$E_i = \frac{3}{8}(P_1 + P_2) + \frac{1}{8}(P_3 + P_4).$$

(2) 形成顶点 V_i: 设顶点 P_0 有 n 个邻点 $P_1, P_2, \cdots, P_n$, 则新的顶点为

$$V_i = (1 - n\alpha)P_0 + \alpha \sum_{j=1}^{n} P_j,$$

其中

$$\alpha = \frac{1}{n}\left(\frac{5}{8} - \left(\frac{3}{8} + \frac{1}{4}\cos\frac{2\pi}{n}\right)^2\right).$$

(3) 连接相邻点形成新的三角形网格.

图 2.32 给出了一个例子.

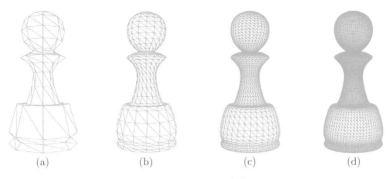

(a)　　　　　(b)　　　　　(c)　　　　　(d)

图 2.32　Loop 细分曲面

除了在奇异点处只有 G^1 连续 (即切平面是连续的), Catmull–Clark 曲面与 Loop 曲面一般都有 C^2 光滑性. 利用细分曲面可以生成复杂的动画角色, 图 2.33 显示了动画片中的一些由细分曲面生成的动画角色实例. 关于细分曲线与曲面的进一步内容可参看文献 [6].

(a)《棋逢敌手》中角色　　(b)《玩具总动员》中角色　　(c)《美食总动员》中角色

图 2.33　利用细分曲面生成的动画角色

2.5　分形表示

2.5.1　分形简介

前面介绍的各种几何表示形式都描述光滑的几何模型. 但对许多自然形态, 如山川河流、花草树木、群山峻岭、火焰烟云等, 这些表示方法就无能为力. 20 世纪 70 年代, 一种新的几何学 —— 分形几何学 (fractal geometry) 诞生. 什么是分形几何学? 分形几何学的创始人 B. Mandel-brot (芒德布罗) 将其定义为: 描述具有无限精细结构且局部与整体具有自相似性的几何学. 本节我们简单介绍一下这门学科, 详细内容可参考文献 [7].

我们以几个经典的分形实例来介绍分形的概念. 从一个等边三角形出发, 将每一边三等分, 将中间一段用一个以该线段为边的等边三角形 (向外) 的另两边替代, 由此得到一个十二边形, 其边长为原来正三角形边长的 1/3, 这称为一次迭代, 如图 2.34(a) 所示. 继续对十二边形的每条边实施上述过程, 得到二次迭代的结果, 如图 2.34(b) 所示. 当迭代次数趋于无穷时, 就得到了所谓的 von Koch 雪花曲线. 该曲线是 1904 年由数学家 von Koch (冯·科赫) 发现的, 故以他的名字命名. von Koch 雪花曲线不同于传统的曲线. 首先, 它处处不光滑, 即每一点都不存在切线. 其次, 它的周长是无穷大, 但面积却是一个有限值 (请读者验证!), 这与我们的常识很不一致. 再次, 它具有无限精细的结构, 将曲线的任意局部放大后, 局部与整体结构一样, 并且曲线可以无限放大.

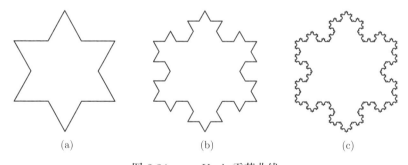

(a)　　　　　　　　　(b)　　　　　　　　　(c)

图 2.34　von Koch 雪花曲线

我们再看一个例子. 从一个正三角形出发, 取每边的中点并连线, 将该正三角形分成四个大小相同的正三角形, 去掉中间的三角形得到图 2.35(a). 然后对剩下的三个正三角形继续同样的操作得到图 2.35(b), 该过程一直继续下去, 最后得到所谓的 Sierpiński (谢尔品斯基) 地毯. 容易计算得该图形的面积为零, 然而它却占据一定的空间, 这与我们的直观相矛盾!

(a)　　　　　(b)　　　　　(c)　　　　　(d)

图 2.35　Sierpiński 地毯

从上面的两个例子中我们发现了分形不同于传统几何的特点, 即所谓的无限的精细结构以及局部与整体的自相似性, 这是分形图形的基本属性. 实际上, 上述分形图形在一个世纪前就被数学家创造出来了, 但那个时候并没有出现分形几何学科. 究其原因在于数学家思维的局限, 总认为数学上的几何应该都是光滑可微的, 而上述例子不过是一些反例而已, 因而并没有引起数学家的足够重视. 直至 20 世纪 70 年代, Mandelbrot 意识到, 这些反例蕴含着深刻的机理, 并认识到这正是描述大自然的几何学.

2.5.2　分形的生成

下面我们介绍几种生成分形几何图形的方法.

1. 复变函数迭代

考虑复平面到复平面的映射:

$$z \to f(z), \tag{2.36}$$

其中 $z = x + \mathrm{i}y$ 是复数, $f(z)$ 是复变函数. 给定初值 z_0, 定义 $z_{k+1} = f(z_k)$, $k = 0, 1, \cdots$, 若复数列 $\{z_k\}$ 收敛, 则称极限点为迭代 (2.36) 的吸引子. 考虑集合

$$J = \{z_0 \in \mathbb{C} \mid \{z_k\} \text{ 收敛}\}, \tag{2.37}$$

一个有意思的问题是, 集合 J 到底是什么样的图形?

早在 20 世纪初, Julia (朱莉娅) 就研究过当 $f(z) = z^2 + \mu$ 时迭代对应的集合 J, 这里 μ 是一个复数. 为此, 我们先看一个特殊情形: $\mu = 0$. 此时, 使得 $\{z_k\}$ 收敛的初值 z_0 应满足 $\|z_0\| < 1$. 因此, J 是一个单位圆. 但当 $\mu \neq 0$ 时, J 的边界形状就很复杂. 图 2.36 给出了对应 $\mu = 0.73\mathrm{i}$ 及 $\mu = 0.3$ 的例子. 数学家 Julia 与 Fatou (法图) 发现, 从集合 J 的边界任取一小部分, 整个边界可以从其中生成出来. 因此 J 的边界具有无限精细的结构, 并且局部与整体具有自相似性. 这正是分形几何的基本特征. 对于不同的 μ 的取值, 可以得到形状各异的图形 J 的边界, 这些边界图形被称为 Julia 集. 图 2.37 给出了更多 Julia 集的例子.

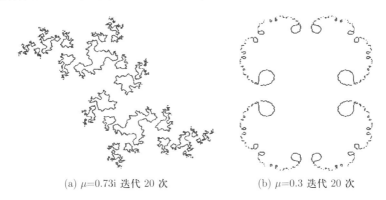

(a) μ=0.73i 迭代 20 次　　　　　(b) μ=0.3 迭代 20 次

图 2.36　Julia 集

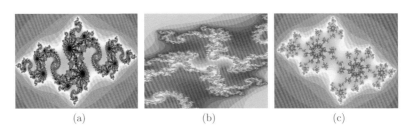

(a)　　　　　　(b)　　　　　　(c)

图 2.37　更多 Julia 集的例子

接下来考虑一个相关的集合:

$$M = \{\mu \mid 数列\{z_k\}收敛\} \tag{2.38}$$

集合 M 的边界图形又是什么样子呢? 图 2.38 绘制了对不同初值 z_0 集合 M 的形状, 该图形有类似 Julia 集一样的性质: M 的边界具有无限精细的结构, 并且局部与整体有自相似性, 也就是说, M 亦是一个分形图形, 该图形被称为 Mandelbrot 集.

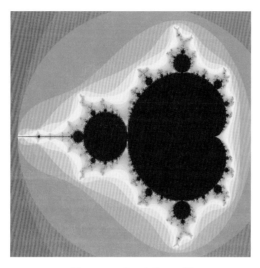

图 2.38　Mandelbrot 集

除了 Julia 集与 Mandelbrot 集, 对于任意一个非线性多项式 $f(z)$, 由迭代 (2.36) 确定的集合 J 的边界曲线都可以得到不同的分形图形, 如图 2.39 所示.

(a)　　　　　　　(b)　　　　　　　(c)

图 2.39　由复变函数迭代产生的分形实例

2. L 系统

L 系统是美国生物学家 A. Lindenmayer (林登迈耶) 用于描述植物形态与生长的拓扑结构的一种方法. 后来, 计算机图形学家对 L 系统加入了几何元素, 并成为一种自然景物模拟的有效方法.

令 V 是一个字符表, V^* 是由 V 中字符构成的单词的集合, 一个 L 系统是一个有序的三元组集合 $G = \langle V, \omega, P \rangle$, 其中 $\omega \in V^*$ 是一个单词, 称作公理; P 是产生式的集合, 一个产生式记作: $a \to x$, 其中 a 是一个字母, x 是一个单词, 分别称为产生式的前驱和后继. 我们以一个简单的模型为例加以说明.

设 $V = \{F, +, -\}$, 其中 F 表示以步长 d 向前行进一步, $+$ 表示向左旋转角度 δ, $-$ 表示向右旋转角度 δ. 公理 ω 是一个单词, 通常表示一个初始图形. 例如, $\delta = 60°$, 则单词 $\omega = F + + F + + F$ 表示了一个边长为 d 的正三角形. 产生式 P 表示从一个字符如何产生一个单词, 也就是一个迭代格式, 也称为生成元. 例如, 考虑产生式

$$F \to F - F + + F - F,$$

取步长 d 是原来步长的 $1/3$, $\delta = 60°$, 该产生式将一线段改写为一折线段, 这实际上是 von Koch 雪花曲线的生成元. 从初始图形 ω 出发, 经过产生式 P 迭代一次得到图形 (如图 2.34(a)):

$$F - F + + F - F + + F - F + + F - F + + F - F + + F - F.$$

接着我们看如下模型: 设 $V = \{L, R, +, -\}$, 其中 $+, -$ 的含义与前述相同, L 表示向前行进步长为 d 的一步, 但下一步迭代时图形要画在线段 L 的左边; R 表示向前行进步长为 d 的一步, 但下一步迭代时图形要画在线段 R 的右边; 初始图形为 $\omega : L$, 生成式则包含两个:

$$P_1 : L \to +R - L - R, \quad P_2 : R \to -L + R + L,$$

其中 $\delta = 60°$. 图 2.40 给出了迭代前几步的图形, 其极限图形正是 Sierpiński 地毯.

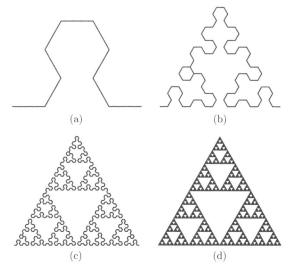

图 2.40 L 系统迭代产生的 Sierpiński 地毯

下面我们再来看一个模型. 设 $V = \{F, +, -, [,]\}$, 其中 $F, +, -$ 的意义同前, 符号 $[$ 表示将当前状态信息 (位置、方向等) 压入堆栈; 符号 $]$ 表示将当前状态信息弹出堆栈. 例如, 单词 $F[+F] - F$ 表示了图 2.41(a) 所示图形. 因此, 该模型可以表示分支结构, 非常适合描述树木等植物模型. 这里一个物体的状态用三个量 (x, y, α) 来描述, 其中 (x, y) 是物体位置的直角坐标, α 为物体朝向. 图 2.41(b), (c), (d) 分别显示了下述模型

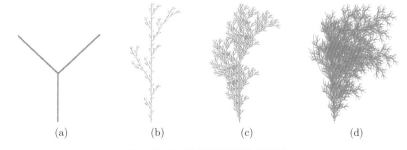

图 2.41 L 系统迭代产生的树木

生成的树木结构:

$$n = 5, \delta = 25°, \ \omega : F, P : F \to F[+F]F[-F]F,$$

$$n = 5, \delta = 27°, \ \omega : F, P : F \to F[+F]F[-F][F],$$

$$n = 4, \delta = 25°, \ \omega : F, P : F \to FF - [-F + F + F] + [+F - F - F].$$

3. 迭代函数系统

迭代函数系统 (iterated function system, 简称为 IFS) 是基于分形的自相似性——即局部在仿射变换下与全局相同的基本思想来生成分形. 我们从一个简单的游戏——混沌游戏来说明 IFS 的基本思想.

给定平面上不共线的三点 A, B, C, 对这三个点赋予三个概率值 P_A, P_B, P_C, 满足 $P_A + P_B + P_C = 1$. 点 A, B, C 分别以概率 P_A, P_B, P_C 被选取. 取定初始点 Z_1, 按以下迭代方式产生点的序列 $\{Z_n\}$: 若 Z_n 已经产生, 定义

$$Z_{n+1} = \begin{cases} \dfrac{Z_n + A}{2}, & A \text{ 点被选取}, \\[2mm] \dfrac{Z_n + B}{2}, & B \text{ 点被选取}, \\[2mm] \dfrac{Z_n + C}{2}, & C \text{ 点被选取}. \end{cases}$$

问点列 $\{Z_n\}$ 的全体构成什么样的图形?

这个游戏显然不适合人来做, 因为做几十次之后图形看上去像是一些随机点的集合. 但该游戏非常适合用计算机来实现. 因为计算机可以在短时间内做很多次实验 (几百万到几千万甚至上亿次), 这样才能显示图形的规律. 其次, 计算机计算更准确, 人类计算几十次可能产生较大的误差, 因而离实际图形相差甚远. 图 2.42 显示了对相同的点 A, B, C, 但对不同的概率与不同的迭代次数, 计算机实验得到的图形. 可以想象, 当迭代次数趋于无穷时, 最终图形完全由 A, B, C 三点确定, 而与概率 P_A, P_B, P_C 无关. 这个图形正是 Sierpiński 地毯.

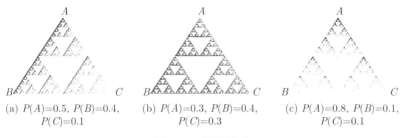

(a) $P(A){=}0.5$, $P(B){=}0.4$, $P(C){=}0.1$　(b) $P(A){=}0.3$, $P(B){=}0.4$, $P(C){=}0.3$　(c) $P(A){=}0.8$, $P(B){=}0.1$, $P(C){=}0.1$

图 2.42　混沌游戏

对上述实例, 我们简单分析一下为什么极限图形是 Sierpiński 地毯. 设 D, E, F 分别是线段 BC, AC, AB 的中点, 极限图形为 P. 实际上 P 由三个仿射变换确定: w_1 将三角形 ABC 变为三角形 AEF, w_2 将三角形 ABC 变为三角形 BDF, w_3 将三角形 ABC 变为三角形 CDE. 图形 P 是三个部分 $w_1(P), w_2(P), w_3(P)$ 的组合, 其中每一个部分是原图的复制, 但尺寸缩小一半. 也就是

$$P = w_1(P) \cup w_2(P) \cup w_3(P),$$

因此可知, P 是一个由三角形 ABC 确定的 Sierpiński 地毯.

一般地, 一个 IFS 由一个非奇异的仿射变换的集合 $\{w_1, w_2, \cdots, w_n\}$ 及一个概率集合 $\{p_1, p_2, \cdots, p_n\}$ 组成, 其中 $p_1 + p_2 + \cdots + p_n = 1$ 且 $p_i > 0$, $i = 1, 2, \cdots, n$. 设仿射变换 w_i 的 Lipschitz (利普希茨) 常数为 s_i, 即

$$\|w_i(\boldsymbol{x}) - w_i(\boldsymbol{y})\| < s_i \|\boldsymbol{x} - \boldsymbol{y}\|, \quad i = 1, 2, \cdots, n.$$

通常要求

$$s_1^{p_1} s_2^{p_2} \cdots s_n^{p_n} < 1.$$

称满足上述条件的 IFS 为一个 IFS 码. 实际应用中, 仿射变换 w_i 都是压缩变换, 即 $s_i < 1$, 因而都满足上述要求.

给定一个 IFS, 在空间中任取初始点 Z_1, 按以下迭代产生点的序列 $\{Z_k\}$: $Z_{k+1} = w_i(Z_k)$, 其中仿射变换 w_i 是按概率 p_i 选取的. 则由点列

$\{Z_k\}$ 构成的极限图形 P 自然满足

$$P = w_1(P) \cup w_2(P) \cup \cdots \cup w_n(P).$$

称 P 为 IFS 的吸引子. 显然, P 具备了分形结构的基本特征 —— 局部与整体相似且具有无限精细结构!

前面给出的混沌游戏中, 三个仿射变换 $w_1(Z) = (A+Z)/2, w_2(Z) = (B+Z)/2, w_3(Z) = (C+Z)/2$ 都是压缩的, 其 IFS 吸引子就是 Sierpiński 地毯. 下面我们再看几个例子.

例 2.5 (Cantor (康托尔) 树) 设 Z_1, Z_2, Z_3 表示三个复数, 它们在平面上不共线. 定义仿射变换

$$w_i(Z) = \frac{Z + 2Z_i}{3}, \quad i = 1, 2, 3$$

及相应的概率集合 $\left\{ p_1, p_2, p_3 \middle| p_1 = p_2 = p_3 = \dfrac{1}{3} \right\}$, 则 IFS 迭代的吸引子为一个 Cantor 树, 如图 2.43 所示.

图 2.43 Cantor 树

例 2.6 (龙曲线) 给定仿射变换

$$w_1(Z) = sZ + 1, \quad w_2(Z) = sZ - 1,$$

其中 s, Z 均为复数. 取定概率集合 $\left\{ p_1, p_2 \middle| p_1 = p_2 = \dfrac{1}{2} \right\}$, 则对应的 IFS

吸引子完全由复数 s 确定. 当 $s = \dfrac{1}{3}$ 时, 对应的 IFS 迭代的吸引子正好为著名的 Cantor 集. 取 $s = 0.5 + 0.5\mathrm{i}$, 对应的 IFS 吸引子为龙曲线, 如图 2.44 所示.

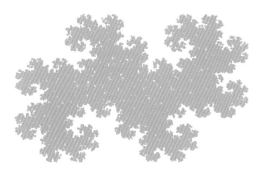

图 2.44　龙曲线

例 2.7 (Julia 集)　给定仿射变换

$$w_1(Z) = \sqrt{Z - C}, \quad w_2(Z) = -\sqrt{Z - C},$$

其中 C, Z 均为复数. 取定概率集合 $\left\{ p_1, p_2 \middle| p_1 = p_2 = \dfrac{1}{2} \right\}$, 则对应的 IFS 吸引子为对应复变函数 $Z^2 + C$ 迭代产生的 Julia 集. 图 2.45 给出了由 IFS 生成的若干 Julia 集的例子.

图 2.45　Julia 集

2.5.3　分形的维数

在我们的几何直觉中, 维数的概念是很简单的. 线是一维的, 面是二维的, 体是三维的, 等等. 通过坐标化, 数学家可以将维数推广到任意正整数甚至无穷. 然而, 这种简单的直觉定义的维数是不严格的, 甚至是不恰当的. 其中一个例子就是著名的 Peano (佩亚诺) 曲线. 1890 年意大利数学家 G. Peano 构造了一条平面上的连续曲线, 该曲线居然充满了整个单位正方形! 但一个正方形区域是 2 维的, 这与曲线是 1 维的直觉是矛盾的! 著名数学家 D. Hilbert (希尔伯特) 于 1891 年构造了更简单的具有同样性质的曲线——Hilbert 曲线. 这类曲线统称为 Peano 曲线.

Hilbert 曲线可以用 L 系统生成. 定义初始图形为 $\omega = L$, 生成式为

$$P_1 : L \to +RF - LFL - FR+, \quad P_2 : R \to -LF + RFR + FL-$$

其中 $\delta = 90°$. 图 2.46 给出了该迭代产生的前几步图形.

图 2.46　Hilbert 曲线

上面的例子表明, 分形的维数需要有严格的数学定义. 1919 年数学家 Hausdorff (豪斯多夫) 利用测度的概念给出了集合维数的一般定义——Hausdorff 维数, 该定义也适合于定义分形的维数, 不过按定义直接计算分形的 Hausdorff 维数是很困难的.

一些分形图形具有严格的局部与整体的自相似性, 这类分形图形的维数有简单的计算方法. 设分形图形 F 由 m 个与之相似的子图形构成, 子图形与原图形的比例系数为 $c(0 < c < 1)$, 则分形 F 的自相似维数定义为

$$d_S(F) = \frac{\ln m}{\ln(1/c)}.$$

例如, 直线段 L 被等分成 m 段, 每小段长度为原来线段长度的 $1/m$, 因

此直线的维数是 $d_S(L) = \dfrac{\ln m}{\ln m} = 1$. 类似地, 对于单位正方形 Q, 将它等分成 m^2 个子正方形, 每个子正方形边长是原正方形边长的 $1/m$, 因此 $d_S(Q) = \dfrac{\ln m^2}{\ln m} = 2$. 同样地, 雪花曲线 K 的维数 $d_S(K) = \dfrac{\ln 4}{\ln 3}$, Sierpiński 地毯 S 的维数 $d_S(S) = \dfrac{\ln 3}{\ln 2}$.

实际上, 一般地设自相似图形 F 由子图 $F_1, F_2, \cdots, F_m$ 构成, 且 F_i 与 F 的相似系数为 c_i, $i = 1, 2, \cdots, m$. 则分形 F 的相似维数 s 由以下方程确定:

$$c_1^s + c_2^s + \cdots + c_m^s = 1.$$

特别地, 当 $c_1 = c_2 = \cdots = c_m = c$ 时, $mc^s = 1$, 故 $s = \dfrac{\ln m}{\ln 1/c}$.

可以证明, 分形的自相似维数与 Hausdorff 维数是一致的. 上述维数公式只对自相似图形有效, 对非严格自相似图形, 如 Julia 集、Mandelbrot 集等就不适用了. 这时候可以用另一种维数——容量维数近似计算. 我们以平面图形为例加以说明.

设 F 是平面上有界集合, 找一个正方形 Q 包含 F. 将 Q 分割为边长为 ε 的小正方形, 记 Q 与 F 的交非空的小正方形个数为 $N(\varepsilon)$. 定义集合 F 的容量维数为

$$d_C(F) = \lim_{\varepsilon \to 0} \frac{\ln N(\varepsilon)}{\ln 1/\varepsilon}.$$

容量维数可以看成自相似维数的一种推广, 它在一个小的尺度上可以近似计算各种几何图形的维数. 例如, 海岸线的维数一般在 1.2 与 1.3 之间, 山地表面的维数在 2.1 与 2.9 之间, 人脑表面的维数在 2.7 与 2.8 之间, 等等.

第三章 图形变换

在计算机图形学中, 无论是二维平面图形还是三维立体图形, 都需要首先进行图形变换, 把图形变换到显示屏幕 (或者其他图形输出设备) 上, 然后显示出来. 例如, 我们需要通过不同的视点来观察物体 (或者在同一个视点观察物体的不同部位), 这时候就需要将图形作旋转变换; 我们可以通过放大图形来观察图形的某一部分细节, 这时候需要对图形作放缩变换; 我们还经常需要将图形在不同的坐标系中呈现, 以及将三维图形投影到二维平面来显示; 等等. 常见的图形变换包括平移、旋转、伸缩、反射、错切、投影等. 下面我们分二维与三维情形分别介绍.

3.1 二维图形变换

在一个直角坐标系中, 一个二维图形变换可以用下列矩阵形式来表示

$$\begin{pmatrix} x' \\ y' \\ 1 \end{pmatrix} = A \begin{pmatrix} x \\ y \\ 1 \end{pmatrix}, \tag{3.1}$$

其中 (x, y) 是坐标变换前点的坐标, (x', y') 是变换后点的坐标. 矩阵

$$A = \begin{pmatrix} a_{11} & a_{12} & b_1 \\ a_{21} & a_{22} & b_2 \\ 0 & 0 & 1 \end{pmatrix} \tag{3.2}$$

称为二维图形变换矩阵. 因此, 一个二维图形变换可以写成坐标形式

$$\begin{cases} x' = a_{11}x + a_{12}y + b_1, \\ y' = a_{21}x + a_{22}y + b_2. \end{cases} \tag{3.3}$$

例如, 矩阵

$$A = \begin{pmatrix} 1 & 0 & b_1 \\ 0 & 1 & b_2 \\ 0 & 0 & 1 \end{pmatrix}$$

表示平移变换 (图 3.1(a)):

$$x' = x + b_1, \quad y' = y + b_2.$$

矩阵

$$\boldsymbol{A} = \begin{pmatrix} \cos\theta & -\sin\theta & 0 \\ \sin\theta & \cos\theta & 0 \\ 0 & 0 & 1 \end{pmatrix}$$

对应了绕原点的旋转变换 (图 3.1(b)):

$$x' = \cos\theta x - \sin\theta y, \quad y' = \sin\theta x + \cos\theta y,$$

其中 θ 是逆时针旋转角度.

矩阵

$$\boldsymbol{A} = \begin{pmatrix} \lambda & 0 & 0 \\ 0 & \mu & 0 \\ 0 & 0 & 1 \end{pmatrix}$$

对应了相对于原点的伸缩变换 (图 3.1(c)):

$$x' = \lambda x, \quad y' = \mu y,$$

其中正常数 $\lambda > 0, \mu > 0$ 分别对应了 x 轴方向与 y 轴方向的伸缩比例.

矩阵

$$\boldsymbol{A} = \begin{pmatrix} 1 & 0 & 0 \\ 0 & -1 & 0 \\ 0 & 0 & 1 \end{pmatrix}$$

表示关于 x 轴的反射变换 (图 3.1(d)):

$$x' = x, \quad y' = -y.$$

关于 x 轴方向与 y 轴方向的错切变换 (图 3.1(e)) 分别为

$$x' = x + a_{12}y, \quad y' = y$$

及

$$x' = x, \quad y' = a_{21}x + y.$$

其矩阵表示分别为

$$\boldsymbol{A} = \begin{pmatrix} 1 & a_{12} & 0 \\ 0 & 1 & 0 \\ 0 & 0 & 1 \end{pmatrix},$$

$$\boldsymbol{A} = \begin{pmatrix} 1 & 0 & 0 \\ a_{21} & 1 & 0 \\ 0 & 0 & 1 \end{pmatrix},$$

其中 a_{21}, a_{12} 是错切系数, 它们表征了图形错切的程度.

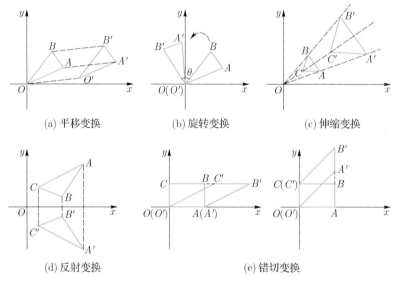

(a) 平移变换   (b) 旋转变换   (c) 伸缩变换

(d) 反射变换   (e) 错切变换

图 3.1 二维图形基本变换

一般地, 一个变换是上述各种基本变换的复合变换, 或者等价地变换矩阵可以表示为上述各种基本变换矩阵的乘积. 实际上, 假设矩阵 $\boldsymbol{A}$ 的子矩阵

$$\boldsymbol{A}' = \begin{pmatrix} a_{11} & a_{12} \\ a_{21} & a_{22} \end{pmatrix}$$

可逆, 则 A' 可以分解为

$$A' = \begin{pmatrix} \cos\theta & -\sin\theta \\ \sin\theta & \cos\theta \end{pmatrix} \begin{pmatrix} \pm 1 & 0 \\ 0 & \pm 1 \end{pmatrix} \begin{pmatrix} \lambda & 0 \\ 0 & \mu \end{pmatrix} \begin{pmatrix} 1 & d \\ 0 & 1 \end{pmatrix}.$$

因此, A 可以分解为

$$A = \begin{pmatrix} \cos\theta & -\sin\theta & 0 \\ \sin\theta & \cos\theta & 0 \\ 0 & 0 & 1 \end{pmatrix} \begin{pmatrix} \pm 1 & 0 & 0 \\ 0 & \pm 1 & 0 \\ 0 & 0 & 1 \end{pmatrix} \begin{pmatrix} \lambda & 0 & 0 \\ 0 & \mu & 0 \\ 0 & 0 & 1 \end{pmatrix} \cdot \begin{pmatrix} 1 & d & 0 \\ 0 & 1 & 0 \\ 0 & 0 & 1 \end{pmatrix} \begin{pmatrix} 1 & 0 & b_1' \\ 0 & 1 & b_2' \\ 0 & 0 & 1 \end{pmatrix}$$

即二维图形变换是上述各种基本变换的复合变换. 注意到, 矩阵乘法不可交换, 相应地变换的复合运算不一定可交换.

上述基本图形变换都是关于坐标原点或 x, y 轴的变换, 如果需要计算关于平面上任意一点或一条直线的变换, 那就需要利用变换的复合.

例如, 考察绕平面上点 (x_0, y_0) 逆时针旋转 θ 角的变换. 该变换可以表示为下列三个基本变换的复合: (1) 将点 (x_0, y_0) 平移到坐标原点; (2) 将图形逆时针旋转 θ 角; (3) 将图形从原点平移到 (x_0, y_0). 因此该变换对应的变换矩阵为上述三个基本变换的矩阵的乘积:

$$\begin{pmatrix} 1 & 0 & x_0 \\ 0 & 1 & y_0 \\ 0 & 0 & 1 \end{pmatrix} \begin{pmatrix} \cos\theta & -\sin\theta & 0 \\ \sin\theta & \cos\theta & 0 \\ 0 & 0 & 1 \end{pmatrix} \begin{pmatrix} 1 & 0 & -x_0 \\ 0 & 1 & -y_0 \\ 0 & 0 & 1 \end{pmatrix}$$

$$= \begin{pmatrix} \cos\theta & -\sin\theta & (1-\cos\theta)x_0 + \sin\theta y_0 \\ \sin\theta & \cos\theta & (1-\cos\theta)y_0 - \sin\theta x_0 \\ 0 & 0 & 1 \end{pmatrix}.$$

类似地, 关于一个定点 (x_0, y_0) 的伸缩变换对应的矩阵为

$$\begin{pmatrix} 1 & 0 & x_0 \\ 0 & 1 & y_0 \\ 0 & 0 & 1 \end{pmatrix} \begin{pmatrix} \lambda & 0 & 0 \\ 0 & \mu & 0 \\ 0 & 0 & 1 \end{pmatrix} \begin{pmatrix} 1 & 0 & -x_0 \\ 0 & 1 & -y_0 \\ 0 & 0 & 1 \end{pmatrix} = \begin{pmatrix} \lambda & 0 & (1-\lambda)x_0 \\ 0 & \mu & (1-\mu)y_0 \\ 0 & 0 & 1 \end{pmatrix}.$$

关于互相垂直的两个单位方向 $\boldsymbol{n}_1 = (\cos\theta, \sin\theta)$ 及 $\boldsymbol{n}_2 = (-\sin\theta,$

$\cos\theta)$ 的伸缩变换对应的变换矩阵则可表示为

$$
\begin{pmatrix} \cos\theta & -\sin\theta & 0 \\ \sin\theta & \cos\theta & 0 \\ 0 & 0 & 1 \end{pmatrix} \begin{pmatrix} \lambda & 0 & 0 \\ 0 & \mu & 0 \\ 0 & 0 & 1 \end{pmatrix} \begin{pmatrix} \cos\theta & \sin\theta & 0 \\ -\sin\theta & \cos\theta & 0 \\ 0 & 0 & 1 \end{pmatrix}
$$

$$
= \begin{pmatrix} \lambda\cos^2\theta + \mu\sin^2\theta & (\lambda-\mu)\cos\theta\sin\theta & 0 \\ (\lambda-\mu)\cos\theta\sin\theta & \lambda\sin^2\theta + \mu\cos^2\theta & 0 \\ 0 & 0 & 1 \end{pmatrix}.
$$

图 3.2—图 3.4 给出了上述变换的示意图.

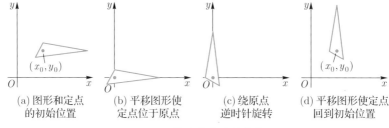

(a) 图形和定点　　(b) 平移图形使　　(c) 绕原点　　(d) 平移图形使定点
　　的初始位置　　　　定点位于原点　　逆时针旋转　　　回到初始位置

图 3.2　绕定点的旋转变换

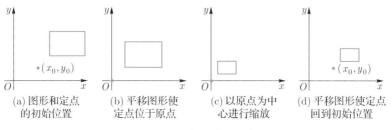

(a) 图形和定点　　(b) 平移图形使　　(c) 以原点为中　　(d) 平移图形使定点
　　的初始位置　　　　定点位于原点　　心进行缩放　　　回到初始位置

图 3.3　关于定点的伸缩变换

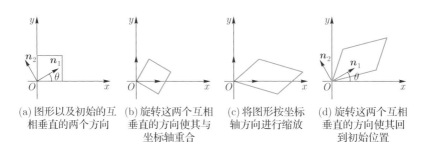

(a) 图形以及初始的互　(b) 旋转这两个互相　(c) 将图形按坐标　(d) 旋转这两个互相
　　相垂直的两个方向　　垂直的方向使其与　　轴方向进行缩放　　垂直的方向使其回
　　　　　　　　　　　　坐标轴重合　　　　　　　　　　　　　到初始位置

图 3.4　关于互相垂直的两个方向的伸缩变换

读者可以思考一下, 下列变换的矩阵如何计算:

(1) 关于一条定直线的反射变换;

(2) 沿着一给定方向的错切变换.

3.2 三维图形变换

类似于二维图形变换, 一般地, 三维图形变换可表示为

$$
\begin{pmatrix} x' \\ y' \\ z' \\ 1 \end{pmatrix} = \boldsymbol{A} \begin{pmatrix} x \\ y \\ z \\ 1 \end{pmatrix}, \tag{3.4}
$$

其中 (x, y, z) 与 (x', y', z') 分别是点在直角坐标系中变换前后的坐标. 矩阵

$$
\boldsymbol{A} = \begin{pmatrix} a_{11} & a_{12} & a_{13} & b_1 \\ a_{21} & a_{22} & a_{23} & b_2 \\ a_{31} & a_{32} & a_{33} & b_3 \\ 0 & 0 & 0 & 1 \end{pmatrix} \tag{3.5}
$$

称为三维图形变换矩阵.

下列矩阵

$$
\begin{pmatrix} 1 & 0 & 0 & b_1 \\ 0 & 1 & 0 & b_2 \\ 0 & 0 & 1 & b_3 \\ 0 & 0 & 0 & 1 \end{pmatrix}, \begin{pmatrix} 1 & 0 & 0 & 0 \\ 0 & \cos\theta & -\sin\theta & 0 \\ 0 & \sin\theta & \cos\theta & 0 \\ 0 & 0 & 0 & 1 \end{pmatrix}, \begin{pmatrix} \cos\theta & 0 & \sin\theta & 0 \\ 0 & 1 & 0 & 0 \\ -\sin\theta & 0 & \cos\theta & 0 \\ 0 & 0 & 0 & 1 \end{pmatrix}
$$

$$
\begin{pmatrix} \cos\theta & -\sin\theta & 0 & 0 \\ \sin\theta & \cos\theta & 0 & 0 \\ 0 & 0 & 1 & 0 \\ 0 & 0 & 0 & 1 \end{pmatrix}, \begin{pmatrix} \lambda & 0 & 0 & 0 \\ 0 & \mu & 0 & 0 \\ 0 & 0 & \nu & 0 \\ 0 & 0 & 0 & 1 \end{pmatrix},
$$

$$
\begin{pmatrix} 1 & 0 & 0 & 0 \\ 0 & 1 & 0 & 0 \\ 0 & 0 & -1 & 0 \\ 0 & 0 & 0 & 1 \end{pmatrix}, \begin{pmatrix} 1 & 0 & a_{13} & 0 \\ 0 & 1 & a_{23} & 0 \\ 0 & 0 & 1 & 0 \\ 0 & 0 & 0 & 1 \end{pmatrix}
$$

分别对应了以下基本变换: 平移变换, 绕 x 轴的旋转变换, 绕 y 轴的旋转变换, 绕 z 轴的旋转变换, 伸缩变换, 关于坐标平面 xOy 的反射变换以及关于 z 轴方向的错切变换. 图 3.5 给出了上述基本图形变换的示意图.

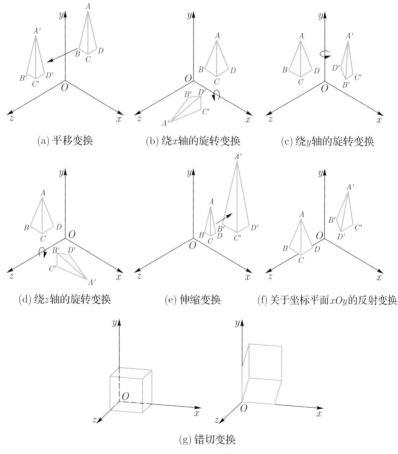

(a) 平移变换　　　　(b) 绕 x 轴的旋转变换　　　　(c) 绕 y 轴的旋转变换

(d) 绕 z 轴的旋转变换　　　(e) 伸缩变换　　　(f) 关于坐标平面 xOy 的反射变换

(g) 错切变换

图 3.5　三维图形基本变换

对于复杂的变换, 一般都可以表示为上述基本变换的复合. 我们以绕空间任意轴的旋转变换为例来说明.

　　给定空间方向直线 l 上的点 (x_0, y_0, z_0) 及单位方向 $\boldsymbol{n} = (a, b, c)$, 考虑绕 l 轴逆时针旋转 θ 角的图形变换. 该变换可以分解为以下几个基本变换的复合: (1) 作平移变换 T 使直线 l 经过原点; (2) 作旋转变换 R 使直线 l 与 z 轴重合; (3) 作绕 z 轴逆时针旋转 θ 角的旋转变换 R_z; (4) 作变换 R 的逆变换; (5) 作变换 T 的逆变换. 如图 3.6 所示.

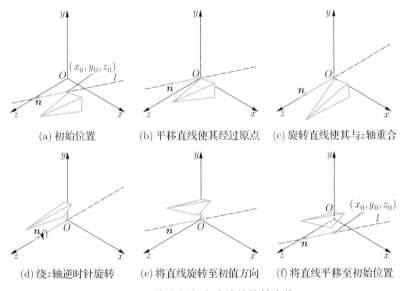

(a) 初始位置　　　　　(b) 平移直线使其经过原点　　(c) 旋转直线使其与z轴重合

(d) 绕z轴逆时针旋转　(e) 将直线旋转至初值方向　(f) 将直线平移至初始位置

图 3.6　绕空间任意直线的旋转变换

变换 T 对应的矩阵为

$$
\boldsymbol{T} = \begin{pmatrix} 1 & 0 & 0 & -x_0 \\ 0 & 1 & 0 & -y_0 \\ 0 & 0 & 1 & -z_0 \\ 0 & 0 & 0 & 1 \end{pmatrix}
$$

变换 R_z 对应的矩阵为

$$
\boldsymbol{R}_z = \begin{pmatrix} \cos\theta & -\sin\theta & 0 & 0 \\ \sin\theta & \cos\theta & 0 & 0 \\ 0 & 0 & 1 & 0 \\ 0 & 0 & 0 & 1 \end{pmatrix}
$$

下面我们只需要计算使直线 l 与 z 轴重合的旋转变换, 而这可以通过关于 x 轴与 y 轴的变换来完成.

首先, 作关于 x 轴的旋转变换使得直线 l 位于 xOz 平面内, 设其旋转角度为 α, 则 α 是向量 $\boldsymbol{n}$ 在 yOz 平面上的投影向量 $\boldsymbol{n}' = (0, b, c)$ 与 z 轴正向的夹角. 因此易得

$$\cos\alpha = \frac{c}{d}, \quad \sin\alpha = \frac{b}{d},$$

其中 $d = \sqrt{b^2 + c^2}$. 因此, 对应的旋转变换矩阵为

$$\boldsymbol{R}_x = \begin{pmatrix} 1 & 0 & 0 & 0 \\ 0 & c/d & -b/d & 0 \\ 0 & b/d & c/d & 0 \\ 0 & 0 & 0 & 1 \end{pmatrix}.$$

旋转后直线 l 的方向为 $(a, 0, d)$.

接着将直线 l 绕 y 轴逆时针旋转 β 角, 使其与 z 轴重合. 可计算得

$$\cos\beta = d, \quad \sin\beta = -a.$$

因此, 对应的变换矩阵为

$$\boldsymbol{R}_y = \begin{pmatrix} d & 0 & -a & 0 \\ 0 & 1 & 0 & 0 \\ a & 0 & d & 0 \\ 0 & 0 & 0 & 1 \end{pmatrix}.$$

综合起来, 绕直线 l 的旋转变换矩阵为

$$\boldsymbol{A} = \boldsymbol{T}^{-1}\boldsymbol{R}_x^{-1}\boldsymbol{R}_y^{-1}\boldsymbol{R}_z\boldsymbol{R}_y\boldsymbol{R}_x\boldsymbol{T}. \tag{3.6}$$

请读者自己推导一些较复杂的变换的矩阵表示, 比如沿三个相互垂直方向的伸缩变换、关于给定平面的反射变换等.

3.3 投影变换

对于三维立体图形, 最终需要将其恰当地投影到二维显示平面上进行呈现, 这种变换称为投影变换. 投影变换主要分为两类. 第一类投影变换类似于我们的照相机从某一个视点拍摄照片, 即从一个观察点通过射线将空间物体投影到投影面上, 这种投影变换称为中心投影变换 (见图 3.7(a)). 第二类投影变换类似于太阳光线将物体投影到一个平面上产生的影子, 即通过平行光线将物体投射到平面上, 这种投影变换称为平行投影变换 (见图 3.7(b)).

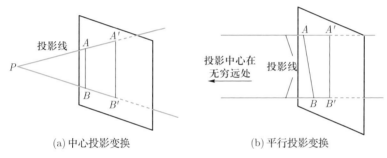

(a) 中心投影变换   (b) 平行投影变换

图 3.7   投影变换

下面我们先推导中心投影变换公式. 为简单起见, 不妨假设投影面 π 即为 xOy 平面, 观察点 P 的坐标为 (a,b,c), 我们要计算任何一点 $A = (x,y,z)$ 在平面 xOy 上的投影点 A' 的坐标 (x',y',z').

因为 P, A, A' 共线, 所以存在 λ 使得 $\overrightarrow{PA'} = \lambda\overrightarrow{PA}$, 于是

$$x' - a = \lambda(x - a), \quad y' - b = \lambda(y - b), \quad z' - c = \lambda(z - c).$$

由 $z' = 0$ 得 $\lambda = c/(c - z)$, 因此得中心投影变换公式

$$x' = \frac{cx - az}{c - z}, \quad y' = \frac{cy - bz}{c - z}, \quad z' = 0. \tag{3.7}$$

接下来我们推导平行投影的变换公式. 设投影线的方向向量为 $v = (\alpha, \beta, \gamma)$, 把图形上的任意点 $A = (x, y, z)$ 沿着 v 的方向平行投影到投

影面 π 上的投影点 $A' = (x', y', z')$. 因为 $\overrightarrow{AA'}$ 与 $\boldsymbol{v}$ 平行, 所以存在 λ 使得

$$x' = x + \lambda\alpha, \quad y' = y + \lambda\beta, \quad z' = z + \lambda\gamma.$$

由 $z' = 0$ 得 $\lambda = -\dfrac{z}{\gamma}$. 因此平行投影变换公式为

$$x' = x - \frac{\alpha}{\gamma}z, \quad y' = y - \frac{\beta}{\gamma}z, \quad z' = 0. \tag{3.8}$$

为了用矩阵运算表示上述投影变换公式, 我们引入齐次坐标的概念. 一个齐次坐标 (x, y, w) 表示平面上的一个点 (或无穷远点), 其中 x, y, w 不全为 0. 一个点的齐次坐标并不唯一. (x', y', w') 与 (x, y, w) 表示同一个点当且仅当 $(x', y', w') = \lambda(x, y, w), \lambda \neq 0$. 例如, $(4, 2, 2)$ 与 $(2, 1, 1)$ 表示同一个点. 一个点的齐次坐标 (x, y, w) 与它的直角坐标 (x^*, y^*) 之间的关系为

$$x^* = \frac{x}{w}, \quad y^* = \frac{y}{w}.$$

因此, $(x, y, 1)$ 表示直角坐标系中的点 (x, y), 而 $(x, y, 0)$ 表示方向为 (x, y) 的无穷远点. 类似地, 我们用齐次坐标 (x, y, z, w) 表示三维空间中的点, 其中 x, y, z, w 不全为 0. 一个点的齐次坐标 (x, y, z, w) 与它的直角坐标 (x^*, y^*, z^*) 之间的关系为

$$x^* = \frac{x}{w}, \quad y^* = \frac{y}{w}, \quad z^* = \frac{z}{w}.$$

利用齐次坐标, 中心投影变换公式 (3.7) 可以写成

$$x' = cx - az, \quad y' = cy - bz, \quad z' = 0, \quad w' = cw - z. \tag{3.9}$$

用矩阵表示为

$$\begin{pmatrix} x' \\ y' \\ z' \\ w' \end{pmatrix} = \begin{pmatrix} c & 0 & -a & 0 \\ 0 & c & -b & 0 \\ 0 & 0 & 0 & 0 \\ 0 & 0 & -1 & c \end{pmatrix} \begin{pmatrix} x \\ y \\ z \\ w \end{pmatrix}. \tag{3.10}$$

同理, 平行投影变换 (3.8) 可表示为

$$\begin{pmatrix} x' \\ y' \\ z' \\ w' \end{pmatrix} = \begin{pmatrix} 1 & 0 & -\alpha/\gamma & 0 \\ 0 & 1 & -\beta/\gamma & 0 \\ 0 & 0 & 0 & 0 \\ 0 & 0 & 0 & 1 \end{pmatrix} \begin{pmatrix} x \\ y \\ z \\ w \end{pmatrix}. \tag{3.11}$$

下面我们给一个投影变换的具体例子.

例 3.1　对于以 $(0,0,0)$ 和 $(1,1,1)$ 为对角顶点的单位立方体, 我们分别用平行投影与中心投影绘制它的透视图. 取定投影方向 $(1,1,\sqrt{2})$, 相应的平行投影变换等价于斜二侧画法, 变换公式为

$$x' = x - \frac{\sqrt{2}}{2}z, \quad y' = y - \frac{\sqrt{2}}{2}z, \quad z' = 0.$$

取 $(3,2,5)$ 作为透视投影的观察点作中心投影变换, 变换公式为

$$x' = \frac{5x - 3z}{5 - z}, \quad y' = \frac{5y - 2z}{5 - z}, \quad z' = 0.$$

变换后的图形如图 3.8 所示.

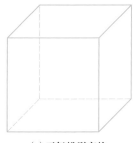　　　　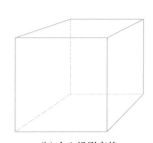

(a) 平行投影变换　　　　　　　(b) 中心投影变换

图 3.8　单位立方体的投影变换

第四章　图形绘制

一个几何模型进行图形变换后最终要投影到二维平面进行显示. 为产生真实的视觉效果, 除了要将几何模型投影到平面外, 还需要显示几何模型的明暗与颜色. 生成具有真实感的图形是计算机图形学最重要的研究工作之一, 它在教育、影视娱乐、游戏动画、虚拟现实、科学计算可视化等领域有着重要的应用. 图 4.1 显示的是用计算机生成的物体与场景.

(a) 室外场景   (b) 室内场景

图 4.1   真实感图形

4.1 图像的表示

生成真实感的图形就是根据场景中物体的几何模型 (包括颜色、材质等) 以及周围的光线而产生图像. 在计算机中, 图像都是用数字来表示的, 称为数字图像. 一幅数字图像是真实图像的离散表示, 它可以看成一个 $m \times n$ 矩阵, 矩阵的某个位置称为图像的一个像素, 矩阵元素就是对应像素的颜色. 也就是说, 一幅数字图像可以看成由很多很多小的像素构成, 每个像素具有一种颜色. 对给定的一幅真实图像, 数字矩阵的大小决定图像采用的精度, 称 $m \times n$ 为数字图像的分辨率. 分辨率越大, 对应的数字图像越精细.

颜色是由光波波长及光谱能量决定的, 在计算机图形学中通常采用三原色颜色系统来模拟. 一个像素的颜色通常由红 (R)、绿 (G)、蓝 (B) 三种基本颜色混合而成, 三种颜色的光强值混合起来就可以产生任意一种颜色, 而三个颜色分量相同则产生灰色光. 因此, 一个像素的颜色可以用一个三维向量 (R, G, B) 表示, 其中 R, G, B 是 0 与 1 之间的实数, 即一个颜色可以用单位立方体内的一个点表示, 例如, $(0,0,0)$ 表示黑色, $(1,1,1)$ 表示白色, $(1,0,0)$ 表示红色, $(1,1,0)$ 表示黄色, $(0,1,1)$ 表示青色, $(1,0,1)$ 表示品红色, 等等. 如图 4.2 所示.

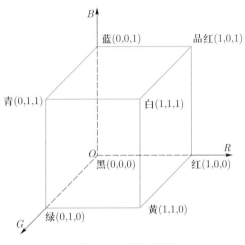

图 4.2　三原色模型

4.2　明暗绘制

当光线照射到物体表面时, 光线可能被吸收、反射、透射等. 被物体吸收的光能转化为热量, 而反射与透射的光经过传播, 部分进入人的视觉系统, 从而使人看见物体. 真实感图形绘制就是要通过数学模型模拟这一过程. Phong (冯) 光照模型是一种简单的模拟光反射的真实感图形绘制模型. 反射光主要包括以下部分: 漫反射、镜面反射以及环境光. 下面分别介绍.

理想的漫反射光从物体均匀地向各个方向传播, 与视点无关. 这是由于物体表面的粗糙不平所引起的. 记入射光的光强为 I_p, 物体表面点 P 的单位法向量为 N, 从点 P 指向光源的单位向量为 L, 向量 N 与 L

之间夹角为 θ. 则由 Lambert (兰伯特) 余弦定律知, 漫反射光的光强为

$$I_d = k_d I_p \cos\theta,$$

这里 $0 < k_d < 1$ 是漫反射系数. 如果有多个光源, 一般地漫反射光强为

$$I_d = k_d \sum_i I_{p,i} \cos\theta_i, \tag{4.1}$$

其中 $I_{p,i}$ 是第 i 个光源的入射光强, θ_i 是第 i 个光源方向 $\boldsymbol{L}_i$ 与 P 点法向量 $\boldsymbol{N}$ 的夹角.

漫反射光的颜色由入射光的颜色与物体的颜色共同决定. 物体的颜色可以通过设置漫反射系数 k_d 的三个分量 k_{dr}, k_{dg}, k_{db} (分别表示红、绿、蓝的成分) 确定, 光的颜色则可以通过设置入射光的光强 I_p 的三个分量 I_{pr}, I_{pg}, I_{pb} 来确定.

接下来考虑镜面反射. 理想的镜面反射光集中在反射方向上. 但在实际中没有理想的镜面, 因此反射光的光强集中在反射方向附近, 一般可以用以下公式描述:

$$I_s = k_s I_p \cos^n \alpha,$$

其中 α 是视线方向 $\boldsymbol{V}$ 与反射方向 $\boldsymbol{R}$ 的夹角, 故 $\cos\alpha = \boldsymbol{V} \cdot \boldsymbol{R}$. n 为反射指数, 其越大说明镜面越接近理想镜面. k_s 是镜面反射系数. 镜面反射光的颜色由光源颜色决定.

对于多个光源, 镜面反射光强可表示为

$$I_s = k_s \sum_i I_{p,i} (\boldsymbol{R}_i \cdot \boldsymbol{V})^n, \tag{4.2}$$

其中 $I_{p,i}$ 是第 i 个光源的入射光强, $\boldsymbol{R}_i$ 是第 i 个光源的反射方向.

再来看环境光. 环境光是光线通过多次反射后产生的一种间接光, 一般它在整个环境中是均匀的, 可用公式表示为

$$I_e = k_a I_a, \tag{4.3}$$

其中 I_a 是环境光强, k_a 为物体对环境光的反射系数.

综合以上各部分, 经物体上某一点 P 反射到视点中的光强为

$$I = k_a I_a + \sum_i I_{p,i}[k_d(\boldsymbol{L}_i \cdot \boldsymbol{N}) + k_s(\boldsymbol{R}_i \cdot \boldsymbol{V})^n]. \tag{4.4}$$

上述模型即所谓的 Phong 光照模型. 图 4.3 显示了光照模型中的各几何量. 实际计算中, 可以用 $\boldsymbol{H} \cdot \boldsymbol{N}$ 近似代替 $\boldsymbol{R} \cdot \boldsymbol{V}$, 这里 $\boldsymbol{H} = (\boldsymbol{L} + \boldsymbol{V})/|\boldsymbol{L} + \boldsymbol{V}|$.

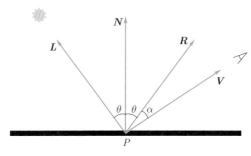

图 4.3　Phong 模型

上面介绍的 Phong 模型没有考虑光的透射问题. 实际上, 对于一些透明或半透明的物体, 为了真实地模拟光的透射, 可以在 Phong 模型中增加一个透射项:

$$I = k_a I_a + \sum_i I_{p,i}[k_d(\boldsymbol{L}_i \cdot \boldsymbol{N}) + k_s(\boldsymbol{H}_i \cdot \boldsymbol{N})^n] + k_t' I_t$$

其中 I_t 是折射方向的光强, k_t' 是折射系数, 通常在 0 与 1 之间, 其大小取决于物体的材料特性.

如果物体除了具有透射性, 同时还是一个镜面反射体, 那么还需要加上环境反射光, 以模拟周围环境引起的镜面反射效果:

$$I = k_a I_a + \sum_i I_{p,i}[k_d(\boldsymbol{L}_i \cdot \boldsymbol{N}) + k_s(\boldsymbol{H}_i \cdot \boldsymbol{N})^n] + k_t' I_t + k_s' I_s, \tag{4.5}$$

其中 I_s 为镜面反射方向的入射光强, $0 < k_s' < 1$ 是镜面反射系数. 上述

模型称为 Whitted (惠特德) 光透射模型. 图 4.4 给出了各光线方向.

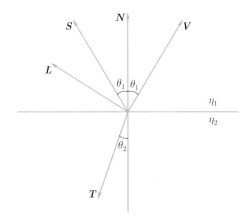

图 4.4　Whitted 光透射模型

反射方向与折射方向可以用光学几何学进行计算. 设视线方向 $\boldsymbol{V}$ 已知, 则反射方向为

$$\boldsymbol{S} = 2(\boldsymbol{N} \cdot \boldsymbol{V})\boldsymbol{N} - \boldsymbol{V}.$$

要计算折射方向就需要利用折射定律, 设入射角为 θ_1, 折射角为 θ_2, 介质折射率为 η_1, 物体折射率为 η_2, 则

$$\frac{\sin \theta_1}{\sin \theta_2} = \frac{\eta_1}{\eta_2} = \eta,$$

于是折射方向为

$$\boldsymbol{T} = -\frac{1}{\eta}\boldsymbol{V} - (\cos \theta_2 - \frac{1}{\eta}\cos \theta_1)\boldsymbol{N},$$

其中

$$\cos \theta_2 = \sqrt{1 - \frac{1}{\eta^2}(1 - \cos^2(\theta_1))}, \quad \cos \theta_1 = \boldsymbol{N} \cdot \boldsymbol{V}.$$

进一步, 如果要处理透射高光效果, 就要改进 Whitted 模型, 那么就得到所谓的 Hall (霍尔) 光透射模型.

在点 P 处的漫透射光强为

$$I_{dt} = k_{dt}I_p(-\boldsymbol{N} \cdot \boldsymbol{L}),$$

这里 I_p 为入射光光强, k_{dt} 为漫透射系数, 其范围在 0 与 1 之间.

透射产生的高光为

$$I_t = k_t I_p (\boldsymbol{T} \cdot \boldsymbol{V})^n,$$

这里 I_t 为规则透射光在视线方向的光强, I_p 为点光源强度, k_t 为物体的透明系数, n 为反映物体光泽的因子. 实际计算中, 可以用 $\boldsymbol{H}_t \cdot \boldsymbol{N}$ 替代 $\boldsymbol{T} \cdot \boldsymbol{V}$. $\boldsymbol{H}_t$ 为一个虚拟的理想透射面的法向量, 使得视线方向恰为光线的折射方向. 可计算得:

$$\boldsymbol{H}_t = \operatorname{sgn}(\eta_1 - \eta_2) \frac{\eta_2 \boldsymbol{L} + \eta_1 \boldsymbol{V}}{|\eta_2 \boldsymbol{L} + \eta_1 \boldsymbol{V}|}.$$

结合 Whitted 模型与 Hall 模型, 于是得到了模拟局部光照的较完整的模型

$$I = k_a I_a + \sum_i I_{p,i}[k_d(\boldsymbol{L}_i \cdot \boldsymbol{N}) + k_s(\boldsymbol{H}_i \cdot \boldsymbol{N})^{n_s}] +$$

$$\sum_j I_{p,j}[k_{dt}(-\boldsymbol{L}_j \cdot \boldsymbol{N}) + k_t(\boldsymbol{H}_{tj} \cdot \boldsymbol{N})^{n_t}] + k_t' I_t + k_s' I_s. \qquad (4.6)$$

最后来简单说一下阴影的生成方法. 阴影是产生真实感图形的重要部分之一, 阴影是由于光源被物体遮挡而在物体后产生的光线较暗的区域 (见图 4.5). 生成阴影首先要确定阴影区域 (即光源被物体遮挡的部分), 再对阴影区域计算环境光就可以了. 因此, 核心是阴影区域的计算.

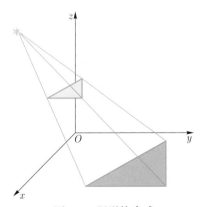

图 4.5 阴影的生成

一个简单的方法是将整个场景 (包括物体, 背景等) 离散成小的面片, 将视点设置在光源处, 则不可见的面片都是阴影区域. 这样利用面消隐的方法就可以确定阴影区域. 不过这种方式生成的阴影比较硬, 不柔和. 下一节介绍的光线跟踪方法可以较好地解决阴影生成问题. 关于阴影的其他生成算法, 可参考文献 [8] 与 [9].

4.3 光线跟踪

前面介绍的局部光照模型可以模拟光源直射物体的光强, 但不能较好地模拟投射与阴影, 以及物体之间光的传播. 解决上述问题需要建立整体光照模型, 下面介绍其中一个重要的模型 —— 光线跟踪模型.

由光源发出的光线到达物体表面后进行反射与折射. 反射和折射后的光线继续前行, 直至遇到新的物体再进行反射与折射. 这样光线在物体与物体之间、物体与环境之间传播, 最后只有很少的一部分进入人眼, 从而看清物体. 前面的局部光照模型只模拟了光线的直线照射后的反射与折射效果, 没有模拟后面的光线传播情况. 而光线跟踪就是希望模拟光线传播的整个过程. 然而, 要直接模拟整个光线传播的过程比较困难, 且效率低. 光线跟踪算法的关键是反向跟踪, 即从人眼出发, 沿光线传播相反的方向跟踪光线, 如图 4.6 所示.

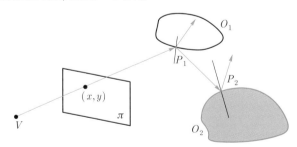

图 4.6　光线跟踪算法示意图

设 V 是视点, π 是视平面. 我们需要计算视平面上任意一个像素 (x,y) 处的光强度 (颜色). 为此, 从 V 到 (x,y) 发射一条射线 (视线), 该

射线与物体 O_1 交于点 P_1, 光线由点 P_1 出发分别沿反射方向与折射方向继续跟踪. 图 4.6 中反射线与物体 O_2 交于点 P_2, 假设物体 O_2 不透明, 因而没有透射光, 故光线从点 P_2 只沿反射方向继续跟踪. 上述过程一直下去, 直至光线较微弱为止.

在点 P_1 的光强由三个部分构成: (1) 光线直接照射在点 P_1 产生的局部光强, 可以由前面的局部光照模型计算; (2) 反射方向的其他物体产生的间接光照光强, 可以由 $k_s I_s$ 计算, 其中 I_s 是反射方向的光强, 由递归跟踪计算得到; (3) 折射方向上其他物体引起的间接光照光强, 其可计算为 $k_t I_t$, 这里 I_t 为折射方向上的光强, 它由递归跟踪算法计算得到.

光线算法不能无限次跟踪下去, 其终止条件为: (1) 光线未与任何物体相交; (2) 光线进入背景; (3) 光线经多次反射折射后, 强度小于某个阈值; (4) 光线跟踪次数大于某个限定的次数 (定值). 下面我们以一个具体的例子说明光线跟踪法的具体过程.

如图 4.7(a) 所示, 该场景中有两个透明物体 O_1 与 O_2, 一个非透明物体 O_3, 并且只有一个点光源 L. 从视点 V 出发发射一条射线通过视平面的像素点 (x, y) 与物体 O_1 交于点 P_1, 连接 P_1 到光源 L 的射线与物体没有相交, 因此, P_1 处于光源的直接照射下, 可用局部光照模型计算点 P_1 的局部光强. 接着, 沿反射方向 $\boldsymbol{R}_1$ 及折射方向 $\boldsymbol{T}_1$ 跟踪, 计算这两个方向间接发射的光线对点 P_1 的光强. 沿反射方向 $\boldsymbol{R}_1$ 没有与物体及背景相交, 那么设置该方向光强为零, 并结束跟踪. 沿 $\boldsymbol{T}_1$ 方向的折射光线在物体 O_1 内传播, 与物体交于点 P_2. 该点处于光源的阴影区域, 其局部光强为零. 点 P_2 又产生了反射方向 $\boldsymbol{R}_2$ 与折射方向 $\boldsymbol{T}_2$. 我们需要沿 $\boldsymbol{R}_2$ 与 $\boldsymbol{T}_2$ 继续跟踪下去. 为简单起见, 我们只讨论沿 $\boldsymbol{T}_2$ 方向的跟踪结果. $\boldsymbol{T}_2$ 与物体 O_3 交于点 P_3, 该点处于光照区域, 计算其局部光强. 由于 O_3 不是透明体, 只沿反射方向 $\boldsymbol{R}_3$ 继续跟踪. $\boldsymbol{R}_3$ 与物体 O_2 交于点 P_4, P_4 位于阴影区域, 该点局部光强设为零. 接着沿反射方向 $\boldsymbol{R}_4$ 跟踪到场景之外, 其光强为零. 沿折射方向 $\boldsymbol{T}_4$ 跟踪到点 P_5, 点 P_5 的局部光强与折射方向光强为零, 再次沿反射方向 R_5 跟踪. 该过程一直下去, 直到满足终止条件.

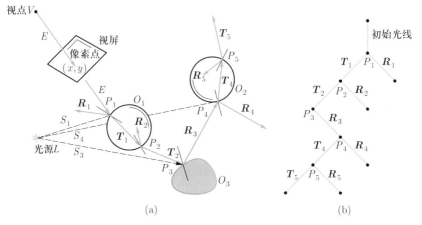

图 4.7　光线跟踪算法过程与结构

从上述的例子看出, 光线跟踪算法是一种递归算法. 其结构可以用图 4.7(b) 所示的树形图表示. 树的根记录要计算的像素点的光强, 而每一个节点记录跟踪过程中的光强. 树的每一个节点有两个分支, 分别表示反射方向与折射方向. 每一个节点的光强就是局部光强与两个分支上的光强之和. 因此, 光线跟踪算法可以用递归函数实现.

光线跟踪算法中, 需要大量计算射线和物体的交点. 这归结为求解直线与曲面的交点, 进而是一个非线性方程求根的问题, 因此是一个十分费时的过程. 为此有许多加速光线跟踪的方法, 在此不再赘述.

4.4　纹理生成

物体的表面并不都是光滑单调的, 通常都具有一些小的细节纹理, 如刨光的木头有木纹, 建筑物有装饰纹理图案, 橘子的表皮有皱纹等. 恰当地显示这些纹理才能产生更真实的图形. 纹理通常有两类: 一类是颜色色彩、明暗变化, 如木纹, 这称为颜色纹理; 另一类是物体表面细小凹凸形状变化, 如橘子皮表面, 这称为 *几何纹理*, 下面分别介绍这两种纹理的产生方法.

颜色纹理通常通过将一个单位正方形上定义的纹理图像映射到物体的表面来表示. 设纹理图像为

$$I(u,v) = (I_r(u,v), I_g(u,v), I_b(u,v)), \quad (u,v) \in [0,1] \times [0,1] \qquad (4.7)$$

其中 $I_r(u,v), I_g(u,v), I_b(u,v)$ 是图像的三个颜色分量函数, 其值在 $0,1$ 之间, 如果只考虑灰度图像, 则 $I_r(u,v) = I_g(u,v) = I_b(u,v)$, 这时候只需要给出一个函数 $I(u,v)$ 即可. 纹理图像的映射通常通过一个参数方程 $\phi(u,v)$ 表示:

$$\phi : \begin{cases} x = f(u,v), \\ y = g(u,v), \quad (u,v) \in [0,1] \times [0,1]. \\ z = h(u,v), \end{cases} \qquad (4.8)$$

这个方程也正好是曲面的参数方程. 对应曲面上任意一点 (x,y,z), 设它的由 $\phi(u,v)$ 确定的对应参数为 (u,v), 则点 (x,y,z) 的颜色值为 $I(u,v) = I \circ \phi^{-1}(x,y,z)$. 下面我们看一个具体例子.

例 4.1 定义纹理函数:

$$I(u,v) = \begin{cases} 0, & [8u] + [8v] \text{ 为奇数}, \\ 1, & [8u] + [8v] \text{ 为偶数}. \end{cases}$$

该纹理模拟了一个国际象棋的棋盘, 见图 4.8(a).

下面将该纹理映射到一个圆柱面上. 设柱面的参数方程为

$$\begin{cases} x = \cos(2\pi u), \\ y = \sin(2\pi u), \quad 0 \leqslant u, v \leqslant 1. \\ z = v, \end{cases}$$

对于柱面上任意一点 (x,y,z) 反求参数 u, v 得

$$(u,v) = (\theta/2\pi, z),$$

其中

$$\theta = \begin{cases} \arccos x, & y \geqslant 0, \\ 2\pi - \arccos x, & y < 0. \end{cases}$$

由此,柱面上点 (x, y, z) 的纹理颜色值为 $I(\theta/2\pi, z)$. 映射结果见图 4.8(b).

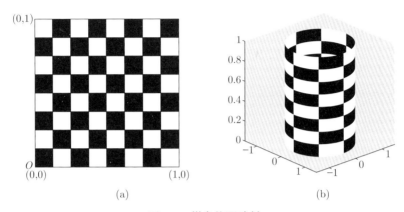

(a)   (b)

图 4.8   棋盘纹理映射

接下来我们来讨论几何纹理. 要生成几何纹理需要对物体表面做微小的扰动产生凹凸不平的细节, 为此将物体的每个点沿法向量做微小的扰动. 首先定义一个几何纹理函数

$$G(u, v), \quad 0 \leqslant u, v \leqslant 1. \tag{4.9}$$

设曲面有参数表示 $\boldsymbol{P}(u, v)$, 曲面单位法向量为 $\boldsymbol{N}(u, v)$. 将 $\boldsymbol{P}(u, v)$ 沿法向量位移一个量 $G(u, v)$ 得到加入纹理的曲面

$$\tilde{\boldsymbol{P}}(u, v) = \boldsymbol{P}(u, v) + G(u, v)\boldsymbol{N}(u, v). \tag{4.10}$$

曲面 $\tilde{\boldsymbol{P}}(u, v)$ 的法向量为

$$\tilde{\boldsymbol{N}}(u, v) = \tilde{\boldsymbol{P}}(u, v)_u \times \tilde{\boldsymbol{P}}(u, v)_v \approx \boldsymbol{P}_u \times \boldsymbol{P}_v + G_u(\boldsymbol{N} \times \boldsymbol{P}_v) - G_v(\boldsymbol{N} \times \boldsymbol{P}_u).$$
$$\tag{4.11}$$

该法向量单位化后可用于明暗计算, 从而产生相应的几何纹理. 图 4.9 显示了加入几何纹理的真实感图形.

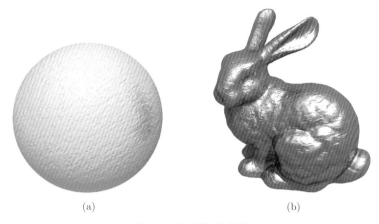

(a)　　　　　　　　　　　(b)

图 4.9　几何纹理映射

第五章　动画与仿真

电影与电视通过给观众快速呈现一系列连续变化的图像 (每一幅图像称为一帧),利用视觉暂留现象让人产生动态影像的感觉. 通常,为获得视觉连续的影像,每秒需要放映 30 帧以上的图像. 早期的动画 (即卡通片) 主要通过动画师采用手工的方式,一帧一帧地画出静态图画,然后再通过连续放映呈现出动态影像. 随着计算机动画技术的发展,可以由计算机来参与动画的辅助制作. 动画师只需画出部分关键帧,然后通过算法自动插值出中间帧,从而大大减少了人工工作量. 最近二十年出现了 3D 动画,即通过计算机图形学的技术,将 3D 几何模型构建出来,再通过关键帧插值或物理模拟与仿真计算来生成中间帧的几何模型,最后通过绘制生成图像. 比如,《冰雪奇缘》《哪吒之魔童降世》和《大圣归来》等都是最近几年深受广大观众欢迎和喜爱的 3D 动画电影. 本章将简单介绍关键帧动画技术与基于物理模拟的计算机动画技术.

5.1 关键帧动画技术

关键帧 (key frame) 动画技术是计算机动画制作的常用技术之一. 关键帧的概念来源于传统的卡通片制作. 在早期华特·迪士尼的制作室,熟练的动画师设计卡通片中的关键画面,也即所谓的关键帧,然后由助理动画设计师设计中间帧画面. 这种传统卡通动画的制作是非常精细的劳动,非常费时费力. 此外,在传统卡通动画制作过程中,许多步骤只是重复性的,不需要特别的训练,如描线、着色等. 在 20 世纪 70 年代初,计算机图形技术给图像生成及处理提供了新的解决方案,计算机技术逐渐应用到动画中来帮助设计中间帧画面. 计算机辅助制作动画技术与动画艺术家的关系就像文字处理器与文学作家的关系一样,都致力于让使用者集中精力从事艺术创作并减少创作过程中的繁杂劳动.

关键帧插值技术要解决的基本问题是:给定一个起始画面与终止画面,通过插值计算两个画面形成的中间帧画面. 如图 5.1 中,给定起始

(左) 与终止 (右) 关键帧二维图像或三维图形, 需要自动生成它们之间连续变化的动画帧. 这种技术也称为形状插值 (shape interpolation)、形状混合 (shape blending)、变形 (morphing) 等. 近年来, 形状插值技术被广泛应用于工业设计、几何造型和计算机动画等领域. 形状混合技术在影视娱乐业中产生许多眼花缭乱和难以置信的形状变化效果. 如电影《终结者 II》中机械杀手 T–1000 由液体渐变为金属人, 由金属人又渐变为其他人; Exxon Mobil (埃克森美孚) 公司的广告中, 一辆小轿车在前进时渐变成一只飞奔的老虎. 这些都给观众们留下深刻的印象.

(a) 二维图像

(b) 三维图形

图 5.1　关键帧插值动画

给定两个图形对象, 从其中一个图形对象连续变化到另外一个图形对象的过程可以有无数种, 这里所说的图形对象泛指曲线、曲面、平面图像或空间体素图像等. 虽然两个图形对象之间的连续变化过程不是唯一的, 但是 "较好" 的变化过程还是存在的. 所谓 "较好" 的变化过程, 完全是一种美学意义上的衡量. 从用户角度上看, 我们可以根据实际经验、视觉效果和应用场合来判断某一个变化过程是好的还是不好的, 因而适当的用户干预是必不可少的.

理想的形状混合技术应当具有以下特点:

(1) 算法简单快速, 能实时生成结果;

(2) 变化过程是连续、光滑、顺眼的;

(3) 中间的图形对象是具有语义的, 能保持关键帧所共有的特征, 对应特征能保持单调变化;

(4) 中间的图形对象能保持关键帧对象的拓扑, 不能有自交;

(5) 用户干预少, 交互手段简单直观, 易于操作.

当然, 一个关键帧插值技术要满足以上所有的要求往往是不可能的. 现有的所有关键帧插值算法都是尽量多地满足以上要求, 生成令人满意的变化效果. 并且对不同类别的图形对象, 其插值算法也是不同的.

关键帧插值技术主要分为两个步骤. 第一步, 是建立两个关键帧之间的顶点对应关系, 即起始帧的每个顶点变到终止帧的哪个顶点; 第二步, 就是建立对应顶点的插值路径, 即起始帧的顶点如何变到终止帧的对应顶点.

第一步的顶点对应问题是比较重要的, 如果顶点对应关系不正确 (比如起始帧中人脸的嘴巴对应到了终止帧中人脸的额头), 那么不论用什么样的插值路径都不会产生好的效果. 寻求自动找两帧之间的对应点关系的算法是比较困难的. 通常的做法是让用户交互指定一些关键点的对应关系, 然后让算法自动寻求其他点的对应关系.

对于第二步的插值问题, 最简单的就是线性插值, 即对应顶点间通过线性函数进行插值, 得到中间帧的顶点位置. 当然还可以采用其他的插值方法, 比如样条插值方法、径向基函数插值方法等. 对于几何图形之间的插值问题, 除了显式的顶点坐标可以进行插值外, 我们还可以将几何图形表达为内蕴几何量 (比如多边形的边长、边之间的夹角或多面体的 Euler 角、二面角、二次微分形式等), 通过插值内蕴几何量来生成中间帧的几何图形. 下面我们简单介绍平面图形插值的方法.

我们用平面多边形 $P = P_1 P_2 \cdots P_n$ 表示平面上初始时刻 $(t = 0)$ 的几何图形, $Q = Q_1 Q_2 \cdots Q_n$ 表示平面上终止时刻 $(t = 1)$ 的几何图形. 我们要构造 $t(0 < t < 1)$ 时刻的中间插值图形. 一个简单的插值方法是插值图形 P 与 Q 对应的顶点: $R_i = (1 - t)P_i + tQ_i, i = 1, 2, \cdots, n$. 然

而这种简单的插值方法并不能给我们带来好的结果, 通常会出现中间图形收缩和扭结现象, 其主要原因是这种插值并不是图形的内蕴几何量的插值. 为此一个改进的方法是对多边形的内角与边长插值. 设 P 的内角与边长分别为 α_i 与 l_i, Q 的内角与边长分别为 β_i 与 m_i, $i = 1, 2, \cdots, n$, 则 t 时刻多边形的内角与边长分别为

$$\gamma_i = (1 - t)\alpha_i + t\beta_i, \quad k_i = (1 - t)l_i + tm_i, \quad i = 1, 2, \cdots, n.$$

最后我们还要用一些技术将多边形首尾封闭起来. 这种方法可以在一定程度上避免中间多边形收缩与扭结现象, 但仍然存在一些问题. 比如变形可能较大, 并且不能避免自交问题. 近年来一些学者提出了基于调和映射与拟共形映射计算插值图形的新技术. 这种技术的基本思想是建立初始图形到终止图形的一个拟共形映射, 然后通过插值拟共形映射的 Beltrami (贝尔特拉米) 系数来重构中间图形. 该类方法不仅可以做图形的边界插值, 同时可以做图形的内部插值, 特别是可以较好地克服传统方法的缺陷, 并获得较好的视觉效果, 详情参见文献 [10]. 图 5.2 给出了这类方法的一些插值结果.

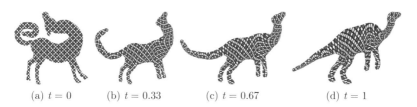

(a) $t = 0$　　(b) $t = 0.33$　　(c) $t = 0.67$　　(d) $t = 1$

图 5.2　基于拟共形映射的形状插值

5.2　基于物理模拟的动画技术

根据物理学原理, 刚性物体的运动满足 Newton 三大运动定律. 非刚性物体的变形也满足一定的物理或数学方程. 因此, 通过求解物理或数学方程就可以求得物体的运动或变形.

5.2.1 质点的运动

1. 运动状态的描述

对于三维空间中的一个质点, 一般用其位置 $\boldsymbol{x} = (x_1, x_2, x_3)$ 和速度 $\dfrac{\mathrm{d}\boldsymbol{x}}{\mathrm{d}t} = \boldsymbol{v} = (v_1, v_2, v_3)$ 来描述其运动状态. 记质点的质量为 m, 则其动量 $\boldsymbol{p} = m\boldsymbol{v}$ 与动能 $e = \dfrac{1}{2}m\|\boldsymbol{v}\|^2$ 是反映其运动状态的重要物理量.

2. Newton 第二运动定律

Newton 第二运动定律

$$\boldsymbol{F} = m\boldsymbol{a}$$

给出了物体受力与加速度之间的关系. 对于一个质点系统 $(m_1, m_2, \cdots, m_n)$, 如果给定初始的运动状态 $\{\boldsymbol{x}_1(0), \boldsymbol{x}_2(0), \cdots, \boldsymbol{x}_n(0)\}$ 与 $\{\boldsymbol{v}_1(0), \boldsymbol{v}_2(0), \cdots, \boldsymbol{v}_n(0)\}$, 则力关于运动状态的函数 $\boldsymbol{F}(\boldsymbol{x}, \boldsymbol{v})$ 满足如下的常微分方程:

$$\begin{cases} \dfrac{\mathrm{d}\boldsymbol{x}_i}{\mathrm{d}t} = \boldsymbol{v}_i, \\[2mm] \dfrac{\mathrm{d}\boldsymbol{v}_i}{\mathrm{d}t} = \dfrac{\boldsymbol{F}_i(\boldsymbol{x}, \boldsymbol{v})}{m_i}. \end{cases}$$

通过求解这组方程所得到的运动轨迹就是该质点系统运动的模拟结果.

3. 微分方程的数值求解

一般地, 一个微分方程组很难求得解析解. 需要用数值的方法 (比如差分法与有限元方法等) 求其数值解. 利用差分法, 对时间进行离散, 应用向前欧拉格式可得:

$$\begin{cases} \boldsymbol{v}_{i+1} = \boldsymbol{v}_i + \dfrac{\boldsymbol{F}_i}{m_i}\Delta t, \\[2mm] \boldsymbol{x}_{i+1} = \boldsymbol{x}_i + \boldsymbol{v}_{i+1}\Delta t. \end{cases}$$

此外还有龙格–库塔法等精确度更高的数值方法. 由于求解上述微分方程实际上就是关于时间积分, 因此数值方法也称为时间积分 (time integration) 方法.

5.2.2 刚体的运动

1. 运动状态的描述

描述刚体的运动, 需要刚体的质心位置 $\boldsymbol{x} = (x_1, x_2, x_3)$, 一个表示刚体旋转的 3 阶方阵 $\boldsymbol{R} = (\boldsymbol{p}, \boldsymbol{q}, \boldsymbol{r})$, 动量 $\boldsymbol{P} = (p_1, p_2, p_3)$, 以及角动量 $\boldsymbol{L} = (l_1, l_2, l_3)$, 共有 12 个变量. 其中 $\boldsymbol{R}$ 可以用 3 阶的旋转矩阵表示, 也可以用四元数来表示.

2. 运动方程

类似于质点的运动方程, 基于 Newton 第二运动定律可以推出刚体的如下运动方程:

$$\begin{cases} \dfrac{\mathrm{d}\boldsymbol{x}}{\mathrm{d}t} = \boldsymbol{v}, \\[2mm] \dfrac{\mathrm{d}\boldsymbol{R}}{\mathrm{d}t} = \boldsymbol{\omega} * \boldsymbol{R}, \\[2mm] \dfrac{\mathrm{d}\boldsymbol{P}}{\mathrm{d}t} = \boldsymbol{F}, \\[2mm] \dfrac{\mathrm{d}\boldsymbol{L}}{\mathrm{d}t} = \boldsymbol{M}. \end{cases}$$

其中 $\boldsymbol{w} * \boldsymbol{R} = [\boldsymbol{w} \times \boldsymbol{p}, \boldsymbol{w} \times \boldsymbol{q}, \boldsymbol{w} \times \boldsymbol{r}]$, $\boldsymbol{F}$ 为施加在刚体上的外力和, $\boldsymbol{\tau}$ 为扭矩.

3. 多刚体的碰撞检测

对于单个刚体, 采用上述方法进行数值模拟并没有什么困难. 然而当同时模拟大量的刚体时, 一个很重要的问题是如何高效地进行碰撞检测, 即检查刚体之间是否发生了碰撞. 每个刚体虽然只有 12 个运动自由度, 但是其形状可以非常复杂, 因此要进行精确的碰撞检测是非常困难的. 常见的方法有 boundary volume hierarchy (用树表示每个物体) 以及 signed distance function (用距离场表示物体). 检测到碰撞时会在刚体间产生冲量, 引起动量的改变. 大量刚体的碰撞检测需要选取高效的算法和表示方法. 图 5.3 给出了两个例子.

(a) 多个龙模型之间的碰撞检测　　(b) 多个兔子模型与多个竖杆
之间的碰撞检测

图 5.3　大量刚体的碰撞检测[1]

5.2.3　连续体的运动

不同于质点和刚体, 非刚性物体 (连续介质) 有无限多的自由度, 因此需要用偏微分方程 (控制方程) 来描述它们的运动.

1. Euler 观点与 Lagrange 观点

在研究流体、气体等物体的运动时, 一般可以将物体看成由许多小粒子所组成. 小粒子的运动状态就决定了物体的形状与状态. 通常有两套不同的坐标系来描述物体的状态: 采取固定不动的坐标 X (世界坐标), 这称为 Euler 观点; 采取随物体运动的坐标 x (材料坐标), 这称为 Lagrange 观点. 从世界坐标系到材料坐标系的变换 $x = \phi(X)$ 称为形变映射.

2. 控制方程

固体与流体等不同物质状态具有不同的描述方程.

(1) 固体

对于连续固体介质, 其变形由应变张量来描述. 形变映射关于坐标的偏导数称为形变梯度 $F = \dfrac{\partial \phi(X)}{\partial X}$, 形变梯度对称化之后得到 Cauchy (柯西) 应变张量 $\varepsilon = \dfrac{F + F^{\mathrm{T}}}{2}$. 固体内部的受力由 Cauchy 应力张量 σ

---

[1]本图片由浙江大学唐敏与童若锋教授提供.

来描述. 在平衡状态下, σ 与外力 f 之间满足平衡方程 $\nabla \cdot \sigma + f = 0$. 应力张量与应变张量之间由本构模型 (constitutive model) 来联系, 可描述为 $\sigma = \sigma(F)$ 或 $\sigma = \sigma(\varepsilon)$.

在具体求解时, 需要将下一时刻节点的位置 x 当作变量, 通过形变梯度与本构关系, 把应力张量 σ 表示为 x 的函数, 再通过平衡方程的弱形式转化为极小化某个目标函数的问题; 在适当的边界条件的约束下, 通过最优化方法求解出 x, 从而模拟出物体的运动. 图 5.4 模拟了一朵花展开的过程.

(a) 带纹理的花模型

(b) 花模型的离散表达, 即三角形网格

图 5.4 花展开过程的模拟

(2) 流体

流体分为 Newton 流体和非 Newton 流体, 而 Newton 流体又分为可压缩的和不可压缩的. 对于不可压缩的 Newton 流体 (incompressible Newtonian fluid), 其变形由如下的 Navier–Stokes (纳维 – 斯托克斯) 方程 (NS 方程) 来描述:

$$\text{动量}: \quad \overbrace{\frac{\partial u}{\partial t} + u \cdot \nabla u}^{\text{流体导数}} + \overbrace{\frac{1}{\rho} \nabla p}^{\text{压力}} = \overbrace{g}^{\text{外力}} + \overbrace{\nu \nabla \cdot \nabla g}^{\text{黏度}},$$

$$\text{不可压缩性}: \nabla \cdot u = 0,$$

其中 u 为速度矢量, p 为流体压强, ρ 为流体密度, g 为外力, ν 为动力黏性系数.

图 5.5 展示了一颗水滴落入水中的过程以及一颗水滴在桌面上散开的过程.

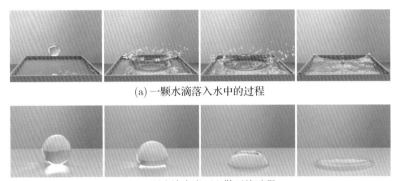

(a) 一颗水滴落入水中的过程

(b) 一颗水滴在桌面上散开的过程

图 5.5　流体运动的模拟[1]

3. 数值方法

利用计算机制作动画, 首先将建模的物体 (固体或液体) 所占的空间离散成许多小单元 (有限元或粒子), 然后根据上述的运动方程, 在每一个离散时间间隔内描述各个小单元的运动、速度、位移等物理量, 最后通过时间的步长累计求得物体的运动或变形. 因此, 其中的关键是快速、高精度地求解上述偏微分方程.

下面简单介绍一些比较经典的偏微分方程数值求解方法.

(1) 有限元方法 (finite element method, 简记为 FEM): 主要适用于固体. 用四面体网格表示物体, 网格随时间发生形变, 代表物体的形变. 在网格的节点上计算应力和应变, 从而模拟物体的运动.

(2) 平滑粒子动力学 (smooth particles hydrodynamics, 简记为 SPH): 主要适用于流体. 用一堆粒子 (particles) 代表流体, 粒子在空间中运动, 代表流体的流动. 所有物理量均存储在粒子上, 并且在粒子上离散求解

---

[1] 本图片由清华大学胡事民教授提供.

NS 方程.

(3) 流体体积法 (volume of fluid, 简记为 VOF): 主要适用于流体. 用一个不随时间变化的均匀网格 (grid) 将空间离散化, 用物体在每个格子中的体积来代表流体. 在网格节点上求解流体的 NS 方程, 并且每个格子中的体积随时间变化, 模拟流体的运动. 图 5.6 显示了粒子法与网格法的差异.

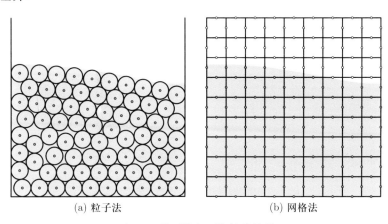

(a) 粒子法　　　　　　　　　　　(b) 网格法

图 5.6　粒子法与网格法的比较

(4) 物质点法 (material point method, 简记为 MPM): 流体和固体均适用. 与 SPH 一样用粒子代表物体, 但是同时也像 VOF 一样用一个不动的均匀网格离散空间. 用粒子代表物体运动, 同时在网格上求解控制方程. 这种方法可以结合网格与粒子的优势.

5.2.4　不同类型物体之间的耦合

当能够模拟每种类型的物体时, 一个很重要的问题是如何模拟它们之间的相互作用, 也就是耦合 (coupling). 有些方法 (一般是网格法) 需要计算出不同物质的交界面 (interface), 然后在交界面上计算力; 也有些方法 (一般是粒子法) 可以直接把不同物质混合起来处理. 图 5.7 与图 5.8 分别给出了不同流体之间的耦合, 以及流体与固体耦合的例子.

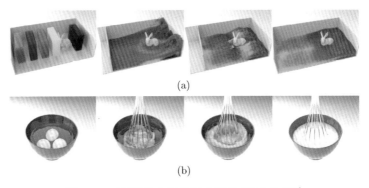

图 5.7 不同流体之间的混合模拟 (耦合计算)[1]

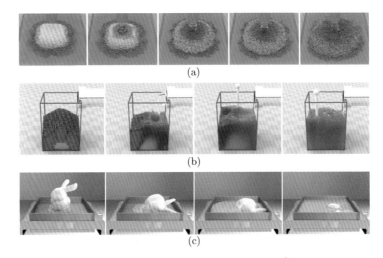

图 5.8 流体与固体之间的混合模拟[2]

[1] 本图片由清华大学胡事民教授提供.
[2] 本图片由清华大学胡事民教授提供.

第六章　几何图形处理

在第二章我们曾经介绍, 三维几何模型的多面体表示 (网格模型) 是计算机图形学中最常见的表示方式之一. 简单来说, 我们用分片线性的函数去替代光滑的函数来表示几何模型的表面. 由于分片线性函数只有零阶光滑, 因此如何将光滑曲面的微分几何推广到离散情形就是本章要讨论的主要内容. 这些研究形成了一个新的学科方向 —— 数字几何处理. 本章将先介绍一些离散微分几何的基础知识, 然后对数字几何处理中的若干问题进行介绍. 进一步的内容可参考文献 [4].

6.1 离散微分几何

网格模型是以点、线、面等为基本元素构成的几何模型. 在这种离散几何模型中, 曲面的法向量、曲率、基本型等如何定义与计算? 下面我们以三角形网格模型为例, 介绍相关知识.

6.1.1 局部邻域

在计算离散微分算子时, 一般的想法是取某一顶点与其局部邻域的微分属性的平均值作为该顶点的微分值. 设 v 是网格曲面的一个顶点, 以 v 为一个顶点的三角面片构成的集合称为 v 的 1-邻域, 记为 $N(v)$. 有时候也用 $N(v)$ 表示与 v 相邻的顶点集合.

局部邻域的定义有多种, 图 6.1 给出了几种主流的邻域示意图. 其中重心胞腔 (barycentric cell) 是将三角形的重心与两条边的中点相连从而得到相应区域, 而 Voronoi (沃罗诺伊) 胞腔则是将前者的重心替换为三角形的外心. 但需要注意的是钝角三角形, 其外心落在三角形外部, 这可能会给我们的计算带来一些问题, 如图 6.1(b) 所示. 因此, 对于 Voronoi 胞腔, 通常用改进的模型混合 Voronoi 胞腔替代, 如图 6.1(c) 所示. 我们可以发现, 后者在三角形为钝角三角形时对中心做了改进, 将外心替换为三角形第三条边的中点. 通常用 $A(v)$ 表示以 v 为顶点的局部邻域.

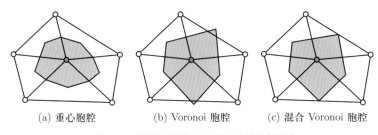

(a) 重心胞腔　　　(b) Voronoi 胞腔　　　(c) 混合 Voronoi 胞腔

图 6.1　顶点的几种不同的局部邻域取法

6.1.2　法向量

法向量主要分为网格的面法向量与顶点法向量. 其中, 网格的面法向量定义比较直观, 对于一个三角形 $T = (x_i, x_j, x_k)$, 其中 x_i, x_j, x_k 为三角形 T 的三个顶点, 其面法向量计算如下:

$$\boldsymbol{n}(T) = \frac{(x_j - x_i) \times (x_k - x_i)}{\|(x_j - x_i) \times (x_k - x_i)\|}.$$

顶点法向量的计算依赖于面法向量的计算, 简单地说, 顶点法向量是与顶点相邻的所有三角面片的法向量的加权平均. 其定义如下:

$$\boldsymbol{n}(v) = \frac{\displaystyle\sum_{T \in N(v)} \alpha_T \boldsymbol{n}(T)}{\left\| \displaystyle\sum_{T \in N(v)} \alpha_T \boldsymbol{n}(T) \right\|},$$

其中 α_T 是面 T 的权值. 在计算过程中, 不同的权值取法会造成不同的结果. 下面我们介绍一些常见的权值取法.

(1) α_T 取常数 1. 这是最平凡的一种取法, 这种方法忽略了边的长度、三角形的面积、相邻面夹角等因素, 因而在网格并不规则时, 计算得到的结果一般都是违反直觉的.

(2) α_T 取对应面三角形 T 的面积. 这种做法的优点在于计算方便. 面积的计算只需要三角形边的叉乘操作, 同时又免去了向量单位化的麻烦. 但这种取法有时也会出现一些不自然的结果.

(3) α_T 取对应三角形 T 的顶点 v 所对应的角度. 这种做法需要单独计算角度, 效率上低于以上两种做法, 但是计算得到的结果比以上两种方法更好、更自然.

6.1.3 梯度

设 f 是定义在网格曲面上的一个分片线性函数, 也就是 f 在每一个三角面片 $T = (x_i, x_j, x_k)$ 上为线性函数. 假设 f 在网格顶点的函数值已知, 具体说, f 在 T 的三个顶点 x_i, x_j, x_k 的函数值分别为 f_i, f_j, f_k, 则三角形 T 上任一点 x 处 f 的函数值可表示为

$$f(x) = f_i B_i(x) + f_j B_j(x) + f_k B_k(x)$$

这里 $B_i(x)$ 是在 x_i 处函数值为 1, 其他顶点函数值为零的分片线性函数. 易知, 全体 $B_i(x)$ 构成网格曲面上分片线性函数的基函数, 并且具有如下性质:

$$B_i(x) + B_j(x) + B_k(x) = 1.$$

对上式两边同时作梯度运算可得

$$\nabla B_i(x) + \nabla B_j(x) + \nabla B_k(x) = 0.$$

对 $f(x)$ 两边求梯度可得

$$\nabla f(x) = f_i \nabla B_i(x) + f_j \nabla B_j(x) + f_k \nabla B_k(x).$$

因此

$$\nabla f(x) = (f_j - f_i)\nabla B_j(x) + (f_k - f_i)\nabla B_k(x).$$

由于在顶点 x_i 处, 基函数 $B_i(x)$ 的梯度方向为与点 x_i 的对边 $x_j x_k$ 相垂直的方向, 且梯度的模长为对边 $x_i x_j$ 对应的高的倒数, 故

$$\nabla B_i(x) = \frac{(x_k - x_j)^\perp}{2A_T},$$

其中 A_T 为三角形 T 的面积, $(x_k - x_j)^\perp$ 表示与向量 $\overrightarrow{x_j x_k}$ 垂直长度为 $|\overrightarrow{x_j x_k}|$ 的向量.

将上式代入 $\nabla f(x)$ 的表达式有

$$\nabla f(x) = (f_j - f_i)\frac{(x_j - x_i)^\perp}{2A_T} + (f_k - f_i)\frac{(x_k - x_i)^\perp}{2A_T}.$$

6.1.4　离散 Laplace 算子

Laplace (拉普拉斯) 算子是曲面微分算子中非常重要的算子之一, 在许多问题中有重要的应用. 这里我们介绍定义在网格曲面上函数 $f(x)$ 的离散 Laplace 算子的两种格式: 均匀格式和余切格式.

(1) 均匀格式的 Laplace 算子形式如下:

$$\nabla f(v_i) = \frac{1}{|N(v_i)|} \sum_{v_j \in N(v_i)} (f_j - f_i),$$

这里 $|N(v_i)|$ 表示与 v_i 相邻的顶点个数, f_i 是分片线性函数 f 在顶点 v_i 的值. 不过这种格式没有考虑顶点邻域的几何形状, 因而在非均匀网格的情形表现并不好. 我们可以设想这样一种情况, 考虑一个平面网格, 由于平面的平均曲率 H 为 0, 故此算子的结果也应该为 0. 而当网格非均匀时, 上式的计算结果不一定为 0, 故此格式对非均匀网格并不适用.

(2) 余切格式的 Laplace 算子形式如下:

$$\nabla f(v_i) = \frac{1}{2A_i} \sum_{v_j \in N(v_i)} (\cot \alpha_{ij} + \cot \beta_{ij})(f_j - f_i),$$

其中, A_i 表示顶点 v_i 的局部邻域的面积, α_{ij} 与 β_{ij} 为边 $v_i v_j$ 的两个相邻三角形的一组对角, 如图 6.2 所示. 这种格式算出的 Laplace 算子相比均匀格式的更为准确, 是一种比较主流的计算方法. 其推导过程为: 首先计算出顶点 v_i 的局部平均区域面积, 这可根据不同需求选择 6.1.1 节中的不同算法; 其次对梯度的散度进行曲面积分; 最后利用散度定理对计算结果展开推导即可.

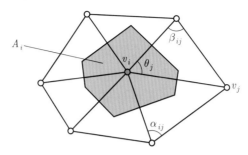

图 6.2 网格模型顶点的 Laplace 算子

6.1.5 离散曲率

基于微分几何中曲面的 Gauss–Bonnet (高斯 – 博内) 公式, 网格曲面在一个顶点 v_i 的 Gauss 曲率可定义为

$$K(v_i) = \frac{1}{A_i}\left(2\pi - \sum_{v_j \in N(v_i)} \theta_j\right) \tag{6.1}$$

其中 A_i 为 v_i 的重心胞腔邻域的面积, θ_j 为第 j 个三角形面片顶点 v_i 对应的内角. 注意到, 若 v_i 的 1-邻域顶点都在一个平面内, 则 $\sum\limits_{v_j \in N(v_i)} \theta_j = 2\pi$, 此时 $K(v_i) = 0$; 否则 $K(v_i) \neq 0$. 这些结论与我们的直观是一致的.

网格曲面的平均曲率可以通过网格曲面 S 的离散 Laplace 算子计算:

$$H(v_i) = \frac{1}{2}\|\nabla S(v_i)\|, \tag{6.2}$$

这里 ∇S 为网格曲面 S 的离散 Laplace 算子, 其值为

$$\nabla S(v_i) = \frac{1}{2A_i} \sum_{v_j \in N(v_i)} (\cot\alpha_{ij} + \cot\beta_{ij})(v_j - v_i). \tag{6.3}$$

根据 Gauss 曲率、平均曲率与主曲率之间的关系可得两个主曲率为

$$\kappa_{1,2} = H(v_i) \pm \sqrt{H(v_i)^2 - K(v_i)}.$$

图 6.3 给出了网格模型上的 Gauss 曲率及平均曲率图. 其中颜色表

明了曲率的大小, 通常蓝色表示该处曲率较小而红色表示该处曲率较大.

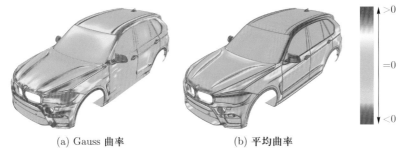

(a) Gauss 曲率   (b) 平均曲率

图 6.3 网格模型的曲率图

6.2 曲面去噪及光顺

随着三维扫描设备的不断涌现, 网格模型越来越成为一种常见的几何曲面表达形式. 然而在实际应用过程中, 我们得到的网格模型往往会存在噪声. 同时, 在工业设计的过程中, 也希望设计产品在几何形状方面足够美观, 即所谓的光顺. 因此, 需要对离散网格曲面进行去噪与光顺.

曲面去噪的方式大致可以分为两类. 一种方式是单纯地去噪, 一般做法是将曲面看成一个信号, 去除曲面的高频 (变化比较剧烈) 部分, 保留曲面的低频 (变化比较平缓) 部分, 这种方式的去噪可以通过一个低通滤波器来实现. 另一种方式不是单纯地去除噪声, 而是一个类似抹平的过程. 这个处理过程相当于对曲面作一些变换, 使其从曲率、梯度等方面来看尽可能光滑. 这种方式往往是通过优化一个能量方程来实现的.

下面我们从以上两个角度来介绍一些经典的去噪方法.

6.2.1 Fourier 变换

Fourier (傅里叶) 变换是信号处理中一种经典的方法. 它将函数 $f(x)$ 从空间域变换到频域中的函数 $F(\omega)$:

$$F(\omega) = \int_{-\infty}^{+\infty} f(x)\mathrm{e}^{-2\pi\mathrm{i}\omega x}\mathrm{d}x, f(x) = \int_{-\infty}^{+\infty} F(\omega)\mathrm{e}^{2\pi\mathrm{i}\omega x}\mathrm{d}\omega,$$

其中基函数 $e_\omega = \mathrm{e}^{2\pi\mathrm{i}\omega x}$ 通过 Euler 公式可以展开成如下的三角函数形式:

$$\mathrm{e}^{2\pi\mathrm{i}\omega x} = \cos(2\pi\omega x) - \mathrm{i}\sin(2\pi\omega x),$$

因此 $F(\omega)$ 表示函数 $f(x)$ 中频率为 ω 的成分多少.

对函数空间定义如下的内积运算:

$$\langle f, g\rangle = \int_{-\infty}^{+\infty} f(x)\overline{g(x)}\mathrm{d}x,$$

则 $F(\omega)$ 可以表示为

$$F(\omega) = \langle f, e_\omega\rangle,$$

于是

$$f(x) = \int_{-\infty}^{+\infty} \langle f, e_\omega\rangle e_\omega \mathrm{d}\omega.$$

直观地说 $f(x)$ 可以分解成不同频率成分之和.

当我们需要利用 Fourier 变换进行网格去噪时, 只需要滤除高频部分即可. 比如, 对频率作如下限制:

$$|\omega| < \omega_{\max},$$

这里 $\omega_{\max}$ 为限制的最大频率. 从而得到 $f(x)$ 去掉高频后的近似结果:

$$\widetilde{f}(x) = \int_{-\omega_{\max}}^{\omega_{\max}} \langle f, e_\omega\rangle e_\omega \mathrm{d}\omega.$$

在离散网格情形, 去噪方法类似, 但与上述连续情形有所区别. 我们要用向量 $(f(v_1), f(v_2), \cdots, f(v_n))$ 替代上文中的连续函数 $f(x)$, 这里 $v_1, v_2, \cdots, v_n$ 是网格模型的顶点. 离散 Laplace 算子也需要改写成如下矩阵形式:

$$\begin{pmatrix} \nabla f(v_1) \\ \nabla f(v_2) \\ \vdots \\ \nabla f(v_n) \end{pmatrix} = \boldsymbol{L} \begin{pmatrix} f(v_1) \\ f(v_2) \\ \vdots \\ f(v_n) \end{pmatrix},$$

其中 L 是 n 阶方阵, 称为 Laplace 矩阵, 其元素由下式确定:

$$\nabla f(v_i) = \sum_{v_j \in N(v_i)} w_{ij}(f(v_j) - f(v_i)),$$

其中 w_{ij} 是由 6.1.4 节定义的离散 Laplace 算子的权因子.

注意到 Fourier 变换中的基函数 $e_\omega = \mathrm{e}^{2\pi\mathrm{i}\omega x}$ 实际上是实数域上 Laplace 算子的特征函数 (因为 $\nabla(\mathrm{e}^{2\pi\mathrm{i}\omega x}) = \dfrac{\mathrm{d}^2}{\mathrm{d}x^2}\mathrm{e}^{2\pi\mathrm{i}\omega x} = -(2\pi\omega)^2\mathrm{e}^{-2\pi\mathrm{i}\omega x}$), 所以在处理网格上的 Fourier 变换时也要将离散 Laplace 算子的特征函数作为基函数. 设 Laplace 矩阵 L 的特征向量为 $e_1, e_2, \cdots, e_n$, 则在离散形式下类似有

$$f = \sum_{i=1}^{n} \langle f, e_i \rangle e_i.$$

即将离散函数 f 展开为基向量 $e_1, e_2, \cdots, e_n$ 的线性组合.

利用离散函数的上述表示, 要滤掉信号的高频部分, 只需要取上式的前 $m(<n)$ 项即可. 随着 m 变小, 网格模型的细节信息丢失得越来越多.

这种经典方法有着较明显的缺陷, 由于计算特征向量需要对 Laplace 矩阵进行特征分解, 故当模型的顶点个数较多时, 这种方法的计算代价很高, 效率较低. 其他更有效的滤波方法 (如双边滤波) 可进一步参看文献 [4].

6.2.2 曲面光顺

所谓光顺是指几何形体看上去比较顺眼、美观. 光顺与光滑不同, 光滑指几何形体局部具有较好的微分性质, 而光顺是几何模型从整体上没有多余的凹凸与起伏 (即无多余的拐点), 从视觉上美观, 从力学上符合其物理特性. 光顺并没有严格的数学定义, 因此对它的处理常常带有经验性. 光顺算法从思想上与去噪方法也不相同, 它可以看作是一种抹平操作, 抹去不必要的细节与噪声.

　　一般而言, 光顺算法的处理思路如下:

　　(1) 定义一个衡量曲面势能的能量方程;

　　(2) 优化求解能量方程, 使得能量尽可能小.

　　因此光顺算法通常是求解一个最优化问题, 它通过求解能量方程来不断迭代更新曲面, 使曲面逐渐光顺. 能量方程的定义方式多种多样, 下面分别介绍几种. 这里我们考虑参数曲面的情形, 网格曲面可以通过用离散导数代替连续导数类似处理. 我们用 $x(u,v)$ 表示一个参数曲面.

　　(1) 薄板弯曲能量

$$E = \iint (k_1^2 + k_2^2 + 2\nu k_1 k_2) \mathrm{d}u\mathrm{d}v,$$

这里 k_1, k_2 是曲面 $x(u,v)$ 的两个主曲率, ν 是 Poisson 系数.

　　(2) 近似薄板弯曲能量

$$E = \iint (\|x_{uu}\|^2 + 2\|x_{uv}\|^2 + \|x_{vv}\|^2) \mathrm{d}u\mathrm{d}v.$$

　　(3) 极小加速度能量

$$E = \int (\alpha \|x_{uuu}\|^2 + \beta \|x_{vvv}\|^2) \mathrm{d}u\mathrm{d}v,$$

其中 α, β 为常数.

　　(4) 极小曲面能量

$$E = \iint \sqrt{\det \boldsymbol{I}} \, \mathrm{d}u\mathrm{d}v,$$

其中 $\boldsymbol{I}$ 为曲面 $x(u,v)$ 的第一基本形式.

　　(5) Dirichlet (狄利克雷) 能量

$$E = \iint (\|x_u\|^2 + \|x_v\|^2) \mathrm{d}u\mathrm{d}v.$$

　　(6) 光滑度量能量

$$E = \iint \|c_u \times c_v\| \mathrm{d}u\mathrm{d}v,$$

这里 $c(u,v)$ 是以下三者之一:

$$c(u,v) = k(u,v)\boldsymbol{n}(u,v), \quad 或者 \quad x(u,v) + h(u,v)/k(u,v)\boldsymbol{n}(u,v),$$

$$或者 \quad (k(u,v) + h(u,v))^2\boldsymbol{n}(u,v),$$

其中 $\boldsymbol{n}(u,v), k(u,v), h(u,v)$ 分别是曲面的法向量、Gauss 曲率与平均曲率.

上述能量中有些是非线性的, 如薄板弯曲能量、极小曲面能量等. 在实际计算中, 经常用它的近似表示, 如近似薄板能量、Dirichlet 能量等, 从而可以线性地求解. 求解方法主要有两类, 一类是用变分法将上述极小泛函问题转化为偏微分方程求解. 例如, Dirichlet 能量极小问题可以转化为 Laplace 方程

$$\nabla x(u,v) = 0, \quad (u,v) \in \Omega$$

加上边界条件, 利用数值方法可以求解上述微分方程.

另一类方法是假设函数 $x(u,v)$ 属于某一个有限维线性空间, 将 $x(u,v)$ 表示为一组基函数 $\{b_i(u,v)\}_{i=1}^n$ 的线性组合

$$x(u,v) = \sum_{i=1}^n P_i b_i(u,v), \tag{6.4}$$

其中 $P_i(i = 1, 2, \cdots, n)$ 为控制顶点. 将 $x(u,v)$ 代入能量公式, 则极小化能量等价于以 $P_i, i = 1, 2, \cdots, n$ 为未知变量的优化问题.

下面我们用近似薄板能量做曲面的光顺问题. 假设我们已知初始曲面 $\tilde{x}(s,t)$. 我们要对 $\tilde{x}(s,t)$ 做修改, 使修改后的曲面 $x(u,v)$ 变得光顺. 为此要求以下能量泛函达到极小:

$$\iint (x(u,v) - \tilde{x}(u,v))^2 \mathrm{d}u\mathrm{d}v + \lambda \iint (\|x_{uu}\|^2 + 2\|x_{uv}\|^2 + \|x_{vv}\|^2)\mathrm{d}u\mathrm{d}v \tag{6.5}$$

其中 λ 是一个常数, 用来平衡误差项与光顺项. 将 (6.4) 式代入上式得到关于 P_i, $i = 1, 2, \cdots, n$ 的二次无约束优化问题, 从而可通过求解一个线

性方程组得到 P_i, $i = 1, 2, \cdots, n$. 图 6.4 给出了一个曲面光顺的示例.

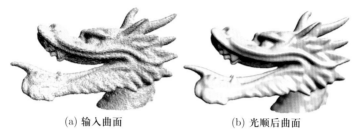

(a) 输入曲面   (b) 光顺后曲面

图 6.4 曲面光顺示例

6.3 曲面参数化

曲面参数化是几何图形处理中的重要组成部分, 它是其他网格模型处理应用的基础. 网格重划分、纹理映射等技术都需要一个良好的网格参数化作为它们的基础. 简而言之, 参数化的主要目标是将复杂的三维模型映射到二维平面或者三维球面上去. 图 6.5 显示了原网格模型以及它的平面参数化的结果.

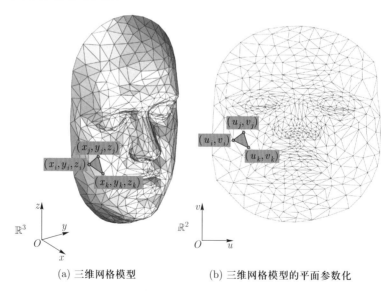

(a) 三维网格模型   (b) 三维网格模型的平面参数化

图 6.5 平面参数化示例

从数学观点看, 曲面参数化就是寻找一个一一映射, 它把网格的每一个三角形映射到目标区域的相应位置.

网格参数化存在着很多经典算法, 一般而言, 根据视图场景的不同, 网格参数化有着如下几种常见的分类方法.

(1) 根据参数域的不同, 参数化方法可以分成平面参数化与球面参数化.

(2) 根据不同的角度处理细节, 参数化方法可以分为局部网格参数化方法和全局网格参数化方法.

(3) 根据不同的几何度量标准, 参数化方法可以分为保角参数化方法、保形参数化方法等.

我们将从不同的几何度量标准入手, 介绍一些经典的参数化方法.

6.3.1 保长度参数化

在参数化过程中, 参数域上的三角形 $t = (u_0, u_1, u_2)$ 往往与原始网格曲面上的三角形 $T = (p_0, p_1, p_2)$ 在几何形状上存在明显的差别, 这个差别导致了参数化出现角度和面积的失真变形. 用 $f = (x(u,v), y(u,v), z(u,v))$ 表示从三角形网格模型到参数区域映射的逆映射, 即 $f(t) = T$, 则映射的变形完全由 f 的 Jacobi (雅可比) 矩阵 $\boldsymbol{J}_f$ 决定:

$$
\boldsymbol{J}_f = \begin{pmatrix} \dfrac{\partial x}{\partial u} & \dfrac{\partial x}{\partial v} \\ \dfrac{\partial y}{\partial u} & \dfrac{\partial y}{\partial v} \\ \dfrac{\partial z}{\partial u} & \dfrac{\partial z}{\partial v} \end{pmatrix}.
$$

对 $\boldsymbol{J}_f$ 作奇异值分解

$$
\boldsymbol{J}_f = \boldsymbol{U}\boldsymbol{\Sigma}\boldsymbol{V}^{\mathrm{T}} = \boldsymbol{U} \begin{pmatrix} \sigma_1 & 0 \\ 0 & \sigma_2 \\ 0 & 0 \end{pmatrix} \boldsymbol{V}^{\mathrm{T}},
$$

其中 $\sigma_1 \geqslant \sigma_2 > 0$ 是 Jacobi 矩阵的奇异值, U, V 分别为三阶及二阶正交矩阵. 图 6.6 显示了上述分解的几何解释, 即映射 f 局部上可看作三个变换复合构成: 两个旋转变换及一个伸缩变换, 伸缩比例由奇异值控制. 因而映射 f 的变形由奇异值刻画.

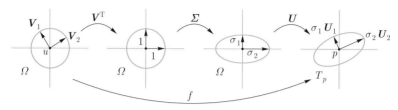

图 6.6　Jacobi 矩阵分解步骤

(1) 当 $\sigma_1 = \sigma_2 = 1$ 时, 此时的变换是保长度的变换, 既没有扭曲角度, 也没有拉伸长度.

(2) 当 $\sigma_1 = \sigma_2 \neq 1$ 时, 此时的变换是保角度的变换, 因为两个方向拉伸的长度相同, 故没有改变角度.

(3) 当 $\sigma_1 \sigma_2 = 1$ 时, 此时的变换是保面积的变换, 因为奇异值之积等于 1, 故面积保持不变.

最理想的参数化即保长度的参数化, 称为零失真. 但在实际参数化过程中, 只有极少的一部分参数化可以做到零失真. 对于大部分的参数化方法而言, 需要做到的就是使得参数化尽可能保持原来特征, 因此就有了几种不同的度量扭曲的能量函数.

6.3.2　调和映射

早期的参数化方法采用以下能量函数来衡量局部扭曲变形:

$$E_D(\sigma_1, \sigma_2) = \frac{1}{2}(\sigma_1^2 + \sigma_2^2).$$

通过优化上述能量求得最优映射. 不过需要注意的是, 这种参数化的方法只适用于固定边界的情形, 即参数域的边界已经被确定. 否则因为当 $\sigma_1 = \sigma_2 = 0$ 时, 上述能量取最小, 这时参数化出现退化情况. 同时, 求得的结果依赖于固定边界的选取, 并可能会出现参数化结果中有翻转折叠的情况 (即映射不是一一的).

6.3.3　保角映射

保角映射本质上也是一种共形映射, 它使用以下能量:

$$E_C(\sigma_1, \sigma_2) = \frac{1}{2}(\sigma_1 - \sigma_2)^2.$$

保角映射的求解是一个线性问题, 它只需要固定边界上两个点就可以得到唯一解, 但解的质量依赖于固定点的选取. 翻转折叠的问题也依然存在. 保角能量在 $\sigma_1 = \sigma_2$ 时取得最小值, 要满足这个条件, 也存在其他形式的能量定义方法. 如在 MIPS (最等距) 方法中, 能量函数为

$$E_M(\sigma_1, \sigma_2) = \frac{\sigma_1}{\sigma_2} + \frac{\sigma_2}{\sigma_1}.$$

该能量函数也在 $\sigma_1 = \sigma_2$ 时取得最小值.

6.3.4　其他形式的能量函数

在大部分应用中, 我们希望参数化结果能在保面积与保角之间达到一个较好的平衡. 我们举出应用广泛的两例进行说明.

一个经典的能量是基于 Green–Lagrange 形变张量来定义的:

$$E_G(\sigma_1, \sigma_2) = (\sigma_1^2 - 1)^2 + (\sigma_2^2 - 1)^2$$

这个能量函数较好地平衡了保面积与保角之间的关系, 是很多研究成果的基石. 后来许多学者对此能量进行改进, 应用较为广泛的是 ARAP (as-rigid-as possible, 尽可能刚性) 方法. 它的能量函数为

$$E_{ARAP}(\sigma_1, \sigma_2) = (\sigma_1 - 1)^2 + (\sigma_2 - 1)^2$$

图 6.7 给出了不同参数化方法将棋盘纹理映射到同一个模型表面的结果.

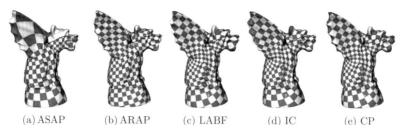

<table>
<tr><td>(a) ASAP
(尽可能相似方法)</td><td>(b) ARAP
(尽可能刚性方法)</td><td>(c) LABF
(线性基于角度
展开方法)</td><td>(d) IC
(反向曲率方法)</td><td>(e) CP
(曲率指示方法)</td></tr>
</table>

图 6.7   不同参数化方法得到的纹理映射结果

6.4   曲面编辑

曲面编辑是数字几何处理中应用非常广泛的技术之一. 曲面编辑是指用户通过交互的方式, 对曲面上的一些点、线、面进行拖动或者重绘, 使其形状发生用户所期待的变化, 最终的目标是曲面不仅仅要受用户交互的控制, 同时也要保持原曲面的细节特征.

按照处理思路的不同, 曲面编辑的方法也有所不同. 早期常常采用非自由变形方法, 它的主要思想是模拟力学中常见的几种变形情况, 如拉伸、扭转弯曲等, 并同时给出了这些变化的数学表示. 在进行各个部分的变形时, 它的变换是基于位置的函数. 从以上这个思路我们可以看出, 这类方法存在着很大的限制, 因为并不是任意几何体的变形都可以简单地由数学函数进行表达, 因此这种方式一般只能应用于一些固定形状的几何体. 这类方法在实际中应用得并不广泛, 在本节中也不多做介绍.

另一类曲面编辑的方法是所谓的自由曲面变形方法, 简称为 FFD (free-form deformation). FFD 方法由 Sederberg (塞德伯格) 等人最早提出, 它的主要思想是: 不直接对物体进行变形操作, 而是将物体嵌入所在的空间, 对空间做变形, 再将变形传播到物体本身. 为使变形直观, 通常构造一个均匀的网格, 通过变形网格而变形相应的空间与几何模型. 图 6.8 给出了一个实例.

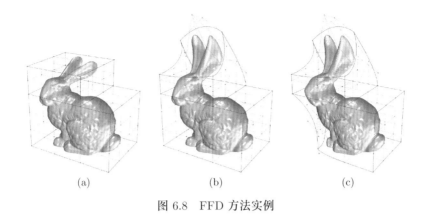

(a)　　　　　　　　(b)　　　　　　　　(c)

图 6.8　FFD 方法实例

基于 FFD 方法, 研究者们提出了很多改进方法, 如扩展 FFD 方法, 这种方法使得初始的空间格子有了更多的形状; RFFD (ra-tional free-form deformation) 方法, 这种方法是将格子用有理形式的三参数张量积 Bézier 体表示, 从而使得用户还可以通过权重因子来控制变形; 还有一些基于 NURBS (非均匀有理 B 样条)、基于任意拓扑空间格子的方法以及基于轴向的 FFD 方法等.

还有一类利用微分变形的方法, 这是一类利用顶点与其相邻点的关系的坐标方法. 本节中会重点介绍其中的 Laplace 坐标法.

6.4.1　FFD 方法

FFD 方法的核心思想在于: 变形操作不是直接作用于模型, 而是作用于模型嵌入的空间. 如果空间改变了, 那么模型自然而然也会随之改变. FFD 首先引入一个变形工具, 它是由一个三参数张量积 Bézier 体的控制顶点组成的, 可以将它简称为格子. 然后, 将网格模型嵌入这个空间. 当格子中的控制顶点的位置发生变化时, 格子的形状也会发生改变, 模型也会跟着改变.

FFD 算法主要分为两个步骤. 图 6.8 显示了这个过程.

(1) 将相应的网格模型嵌入格子中, 在格子中构造出一个局部坐标系, 记为 STU, 并且计算网格模型的每个顶点的局部坐标. 需要注意

的是, 无论控制顶点的全局坐标如何变化, 它的局部坐标是始终保持不
变的.

(2) 移动控制点, 即用户做出相应的调整. 然后利用每个模型顶点的
局部坐标、控制顶点的全局坐标、Bernstein 多项式来计算出模型的每个
顶点的世界坐标.

不妨设 S、T、U 分别为局部坐标系的三个坐标轴, p_0 为局部坐标
系 STU 的原点, p 为模型某一顶点. 则点 p 的局部坐标为

$$s = \frac{(T \times U) \cdot (p - p_0)}{(T \times U) \cdot S},$$
$$t = \frac{(S \times U) \cdot (p - p_0)}{(S \times U) \cdot T},$$
$$u = \frac{(S \times T) \cdot (p - p_0)}{(S \times T) \cdot U},$$

我们可以依此求出模型所有顶点的局部坐标.

在移动控制点发生形变之后, 模型顶点新的坐标为

$$Q(s,t,u) = \sum_{i=0}^{L} \sum_{j=0}^{M} \sum_{k=0}^{N} P_{ijk} B_{i,L}(s) B_{j,M}(u) B_{k,N}(t),$$

其中, P_{ijk} 为一个控制顶点新的坐标, $B_{i,L}(s), B_{j,M}(u), B_{k,N}(t)$ 为 Bern-
stein 基函数.

FFD 方法也有一些缺陷.

(1) 该算法的计算量较大, 对于三维曲面网格, 计算过程中嵌套有三
层循环, 计算的时间复杂度为 $O(n^3)$.

(2) 网格的调整比较麻烦. 控制点越多, 调整越麻烦.

根据 FFD 方法的启发, 后来人们提出了重心坐标的概念, 将一般任
意多面体 (嵌入的空间) 内部的点表达为该多面体的顶点的线性组合. 这
样, 当多面体发生变形时, 其内部的所有点的变化也就可以根据重心坐
标计算出来. 因而, 重心坐标被广泛用于物体的变形及编辑中.

6.4.2 Laplace 曲面变形

Laplace 曲面变形的核心过程是一种网格模型的局部细节特征与网格形状的编码解码过程. 所谓编码过程, 是指将网格的直角坐标转化为 Laplace 坐标的过程, 由于 Laplace 坐标包含了网格的局部细节特征, 所以这种方法能很好地保持曲面的细节; 所谓解码过程, 是根据 Laplace 坐标反求直角坐标的过程, 这个步骤事实上是求解一个线性方程组. 下面我们详细介绍 Laplace 变形的过程.

给定具有 n 个顶点的三角形网格模型 $M = (V, E, F)$, 其中 V 为顶点集, E 为边集, F 为三角面片集. 不妨设 $v_1, v_2, \cdots, v_n$ 为模型的所有顶点, 对于每个顶点 v_i (不失一般性, 这里也表示顶点坐标), 定义其 Laplace 坐标为

$$\delta_i = L(v_i) = v_i - \sum_{v_j \in N(v_i)} w_{ij} v_j,$$

其中 $L(\cdot)$ 为网格模型的 Laplace 算子, w_{ij} 为点 v_j 相对于 v_i 的权值, 且有 $\sum w_{ij} = 1$. 权值的选取方式在 6.1 节中已介绍过, 包括均匀形式与余切形式等.

将 Laplace 坐标写成矩阵形式

$$LV = \delta,$$

其中 $V = (v_1, v_2, \cdots, v_n)^{\mathrm{T}}$, $\delta = (\delta_1, \delta_2, \cdots, \delta_n)^{\mathrm{T}}$, L 为 n 阶 Laplace 矩阵:

$$L_{ij} = \begin{cases} 1, & i = j, \\ -w_{ij}, & (i, j) \in E, \\ 0, & \text{其他}. \end{cases}$$

Laplace 网格变形的基本想法是, 将网格的变形转化为 Laplace 坐标的变形 $\delta' = M\delta$, 再从 δ' 通过求解方程组 $LV' = \delta'$ 反求变形后网格模型的顶点坐标 V'. 由于 Laplace 矩阵 L 的秩为 $n - k$ (这里 k 是网格模

型 M 的连通子集的个数), 因此至少需要增加 k 个约束, 以上方程才能求解.

不妨设网格模型 M 中有 $m(m > k - 1)$ 个顶点 v_j 作为约束点, 其变化后的坐标 v_j' 已知, 则此问题可以归结为如下的带约束优化问题:

$$\underset{\boldsymbol{V}'}{\arg\min}(\|\boldsymbol{L}\boldsymbol{V}' - \boldsymbol{\delta}'\|^2 + \sum_{j=1}^{m} \|v_j' - v_j\|^2).$$

上述优化问题可以转化为求超定线性方程组

$$\boldsymbol{A}\boldsymbol{V}' = \begin{pmatrix} L \\ H \end{pmatrix} \boldsymbol{V}' = \begin{pmatrix} \delta' \\ h \end{pmatrix} = \boldsymbol{b}.$$

利用最小二乘法可求得它的解

$$\boldsymbol{V}' = (\boldsymbol{A}^{\mathrm{T}}\boldsymbol{A})^{-1} \cdot \boldsymbol{A}^{\mathrm{T}}\boldsymbol{b}.$$

需要注意的是, Laplace 曲面变形虽然高效鲁棒, 但由于 Laplace 算子对旋转敏感, 所以变形后的网格模型的局部会发生旋转扭曲的情况, 特别是变形尺度比较大的时候, 扭曲尤其严重.

图 6.9 展示了 Laplace 曲面变形的例子.

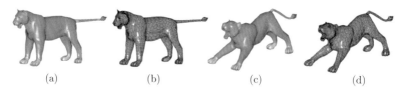

图 6.9   Laplace 曲面变形的例子

第七章　几何图形的应用

三维几何与图形具有非常广泛的应用,下面分别加以介绍.

7.1 计算机动画

动画是一种采用连续播放静止图像,从而产生动态视觉的技术与艺术.传统 2D 动画依靠手工来绘制动画帧,人力和时间开销大,也无法表现逼真的画面.随着计算机图形学技术的发展以及计算机硬件的进步,计算机动画借助编程或动画制作软件生成一系列的景物画面,能带来更精致的画面,并通过对图形与图像进行处理,再借助编程或者动画软件生成生动立体的画面.

传统的动画往往为人诟病的是动作僵硬以及面部表情不自然等问题,而基于三维模型的动作捕捉技术使得这些问题得以解决.通过在运动物体的关键部位设置跟踪器,在物体运动过程中实时捕捉跟踪器的位置,再经由计算机处理得到三维空间坐标的数据,对三维数据进行识别与处理后就能得到精准的运动.

7.2 电影与娱乐

电影作为一门集听觉与视觉于一体的现代艺术,已经融入了大众的生活.作为电影观众的我们,最直观的感受是电影的特效一年比一年炫酷,场面一年比一年声势浩大,但却很少有人能意识到,电影艺术表达方式的进步,背后依靠的是计算机图形学的迅猛发展.

在最近的十几年里,电影产业以高端科学技术为依托,无限的创意为内容,彻底颠覆了传统视觉时代,开辟了流光溢彩的图像新时代,计算机图形学在给观众带来前所未有的体验之外,还给电影领域带来了数千亿元的经济利润.

计算机图形学对于电影产业的支持是基础性的.首先,由于人力物力的局限性,影视中有些场景很难实现.例如,《流浪地球》中冰天雪地的浩大场景,《战狼 II》中的坦克追逐炮战等, 这些镜头在现实中拍摄起来会非常困难. 计算机图形学技术的运用可以真实且低成本地再现这些复杂的场景. 如果没有这些技术的支持, 展现如此美妙与壮观的场面将是一件困难的事情.

其次, 还有些镜头是非真实的场景, 是必须通过电脑特效来完成的, 例如彗星撞地球、机器人变形以及恐龙时代的场景, 更甚者遥望遥远的未来时空 …… 真实拍摄这些场面是不可能完成的任务, 但人的想象力却是无穷的. 电影特效技术的发展, 为实现这些天马行空的想象带来了可能.

7.3 交互式游戏

交互游戏一直是计算机图形学的一个重要的应用方向. 在电脑游戏中, 为了使得游戏世界真实, 往往需要模拟真实物体的物理属性, 即物体的形状、光学性质以及物体的运动等. 其中光学性质的模拟是比较困难的, 包括光照以及物体表面属性的模拟. 在计算机图形学中, 是通过建立光照模型和光线追踪的方法实现的.

近年来随着深度相机的发展, 体感游戏 —— 一种通过肢体动作变化来进行操作的交互游戏模式, 逐渐变得火热. 深度相机通过传感器, 生成深度图像, 实时地重建周围的环境, 同时对深度图像进行像素级评估, 来辨别人体的不同部位以确定关节点, 最后生成骨架系统. 利用这个骨架系统, 得到一种有趣且充满交互性的游戏模式.

7.4 工业设计与制造

计算机辅助设计与制造 (CAD/CAM) 是计算机图形学在工业设计与制造中最为广泛的应用之一, 如今已广泛地应用于机械、航天、电子、建筑、纺织等各大领域, 包括飞机、船舶、汽车、电子元件等的外形设计以及工厂等的布局. 同时, 由于计算机图形学的支持, 许多手工难以完成的复杂精细结构的设计在计算机上得以实现. 这不仅缩短了产品的开发周期, 还增强了产品的市场竞争力.

在汽车、航天等制造业领域中, 利用 CAD 系统实现汽车或者飞机的整体设计和模拟, 其中包括了外形以及内部零件的安装和检验. 在电子领域中, 计算机图形学应用到集成电路、电子线路等方面的优势是很明显的, 一个大规模的集成电路板的设计和绘制由于其高度复杂性, 手工完成需要花费大量的人力物力, 甚至根本无法手工完成, 而利用计算机图形系统不仅能在短时间内完成, 还能把结构直接送至后续的工艺中进行加工处理. 在轻纺及服装行业中, 我国早期服装的花样设计、图案的协调、色调的变化、图案的分色等均由人工完成, 速度慢、效率低. 而国际市场上对纺织品及服装的要求是花色多、质量高、交货迅速, 导致我国纺织品在国际市场上的竞争力并不高. 而 CAD 技术的采用加大了我国纺织品在国际市场上的竞争力. 在建筑领域中, CAD 技术不但可以提高设计质量, 缩短工程周期, 还可以节约建设投资.

7.5　虚拟现实与增强现实

虚拟现实 (VR) 是利用计算机生成一个虚拟的三维空间, 用户借助特殊的输入/输出设备 (VR 头盔、VR 眼镜), 与虚拟世界中的物体产生交互, 同时提供视觉、听觉、触觉等感官的模拟, 从而能够沉浸在一个虚拟的环境中并获得与在真实世界类似的感受. 计算机图形学是虚拟现实技术最重要的技术保障, 提供了高质量且实时的图像生成、高分辨率的画面显示以及自然的交互.

虚拟现实在医学、娱乐、教育等领域都有广泛的应用. 在医学领域, 可以在虚拟环境中进行手术操作训练, 而不受标本、场地等因素的限制, 大幅降低了培训的费用; 在娱乐领域, VR 赋予了游戏优秀的沉浸式体验, 使得玩家可以更好地体验游戏; 在教育领域, 不同于传统教育用书本来传授知识, VR 可以为学习者在三维空间中将书中所描述的事物展示出来, 使得学习者能够直接、自然地与虚拟环境中各种对象进行交互, 达到事半功倍的教学效果.

增强现实 (augmented reality, AR) 是一种能把虚拟信息 (物体、图片、视频等) 融入现实环境中, 来增强用户对现实世界感知的新技术. 不同于 VR 技术给予用户一种在三维虚拟世界中的沉浸体验, AR 技术则把虚拟世界带入用户的真实世界中, 通过听、看、摸、闻虚拟信息, 来增强对现实世界的感知, 使得现实世界丰富起来, 构建一个更加全面、更加美好的世界.

7.6 3D 打印与智能制造

3D 打印是增材制造技术的俗称, 是一种使用离散材料 (液体、粉末、丝等) 并通过逐层累加的方式制造物体的技术, 自 20 世纪 80 年代逐步发展, 同时也被称为快速成型、分层制造.

相对于传统的制造方式, 3D 打印有如下几点优势: 首先, 在传统制造模式下, 产品的形状结构越复杂, 其制造的成本就越高. 但对于 3D 打印, 物体的形状不管是复杂还是简单, 对制造成本都不会产生太大的影响. 同时 3D 打印也无须机械加工或预制模具, 这样极大地减小了复杂产品的制造难度, 并且缩短了制造周期. 其次, 在传统制造中, 不管是手工制造中需要花几年的时间来学习制造技巧, 还是机器制造里需要熟练掌握机器的操作、调整与校准, 都需要使用者具备一定的素质. 而 3D 打印中, 用户只需要在电脑中对产品进行设计, 然后将复杂的作业流程转化为数字化文件, 发送到 3D 打印机就可以实现制造, 无须掌握各种复杂的制造工艺以及操作技巧, 大大降低了制造业的技术门槛. 最后, 3D 打印拥有个性化定制的优势, 避免了大规模生产中大量未成交商品的资源浪费, 更加环保.

在 3D 打印中, 用户可以自行通过软件或算法对 3D 模型进行定制化设计与优化, 其中就要用到图形与几何处理的多种方法, 同时也要结合力学来对模型进行设计与优化. 如图 7.1 所示.

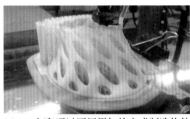 

(a) 3D 打印通过逐层累加的方式制造物体　(b) 3D 打印可以制造结构复杂的几何模型

图 7.1　3D 打印实例

7.7　数字城市与智慧城市

随着科技的进步与发展, 全方位信息时代已经到来, 我们享受着数字技术和网络技术带来的便利. 同时将城市乃至整个地球进行数字化来更广泛地开发资源并实现资源共享成了必然. 自 1998 年 "数字地球" 这个概念诞生起, 世界各国纷纷展开与网络建设、数据空间化有关的开发项目.

数字城市是数字地球的重要组成部分. 运用计算机数字化手段 (地理信息系统、遥感、遥测、网络等技术) 对城市的基础设施、功能机制进行全方位的数字采集和处理, 将城市地理、资源、生态环境、人口等复杂系统数字化. 同时, 由于城市三维空间信息具有直观性强、信息量大、内容丰富等特点, 三维数字城市与智慧城市是未来数字城市建设的必然.

数字城市的三维建模主要分为数据获取与三维建模两个步骤. 数据包括建筑物的高度、几何要素以及纹理数据等; 三维建模由几何建模与纹理建模组成. 数字城市与智慧城市的发展需要许多计算机图形学的技术支持.

7.8　计算机艺术

　　计算机艺术是指使用计算机以定性和定量方法对艺术作品进行分析研究, 以及利用计算机辅助手段进行艺术创作. 现今的计算机已成为艺术设计人员的重要工具. 它不仅带来了新的造型语言和表达方式, 同时也引起和推动了艺术设计方法的变革. 计算机艺术设计作为一种新的艺术创作手段, 正成为当代各类艺术设计的宠儿. 不可否认的是, 数学本身是美的. 但非数学专业研究者很难从复杂的数学证明、严谨的数学体系中体会到数学的美感. 然而计算机艺术以数学为基础, 以图形学技术为表达方式, 结合艺术家的想象力, 可以展现给普通大众艺术与美的体验.

　　计算机艺术是在计算机图形学的应用发展影响下产生的. 20 世纪 60 年代中期, 用计算机显示和绘制图形技术已经兴起, 有人试验用计算机绘制造型复杂的艺术性图案、绘画等; 但另一方面, 用计算机绘画需要掌握有关数学、计算机编程等专门知识和技巧, 需要花费较长的时间设计绘画程序, 而且调试修改也费力费时, 因此发展缓慢. 但计算机图形学的发展逐渐为艺术家提供了发挥和实现想象的丰富的技术手段. 图 7.2 给出了两幅用计算机绘制的艺术图案.

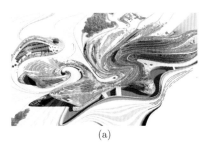 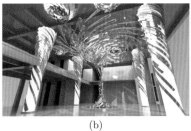

(a)　　　　　　　　　　　　　　　　(b)

图 7.2　使用计算机创作的艺术作品

参 考 文 献

[1] 王国瑾, 刘利刚. 几何计算——逼近与处理. 北京: 科学出版社, 2015.

[2] 汪嘉业, 王文平, 屠长河, 等. 计算几何及应用. 北京: 科学出版社, 2011.

[3] FARIN G. Curves and Surfaces for CAGD: A Practical Guide. 5th ed. Massachusetts: Morgan Kaufmann Publishers, 2002.

[4] BOTSCH M, KOBBELT L, PAULY M, et al. Polygon Mesh Processing. Massachusetts: A K Peters, Ltd., 2010.

[5] BLOOMENTHAL J, BAJAJ C, BLINN J. Introduction to Implicit Surfaces. San Francisco: Morgan Kaufmann Publishers, 1997.

[6] WARREN J, WEIMER H. Subdivision Methods for Geometric Design: A Constructive Approach. San Francisco: Morgan Kaufmann Publishers, 2002.

[7] 齐东旭. 分形及其计算机生成. 北京: 科学出版社, 1994.

[8] 唐荣锡, 汪嘉业, 彭群生, 等. 计算机图形学教程. 修订版. 北京: 科学出版社, 2000.

[9] 孙家广, 胡事民. 计算机图形学基础教程. 北京: 清华大学出版社, 2005.

[10] NIAN X S, CHEN F L. Planar Shape Interpolation Based on Teichmüller Mapping. Computer Graphics Forum, 2016, 35(7): 43-56.

[11] KARNI Z, GOTSMAN C. Spectral Compression of Mesh Geometry. Proceedings of Siggraph, 2000: 279-286.

[12] PERONA P, STRELA V, MALIK J. Scale-Space and Edge Detection Using Anisotropic Diffusion. IEEE Trans. on Pattern Analysis and Machine Intelligence, 1990, 12(7): 629-639.

郑重声明

高等教育出版社依法对本书享有专有出版权。任何未经许可的复制、销售行为均违反《中华人民共和国著作权法》,其行为人将承担相应的民事责任和行政责任;构成犯罪的,将被依法追究刑事责任。为了维护市场秩序,保护读者的合法权益,避免读者误用盗版书造成不良后果,我社将配合行政执法部门和司法机关对违法犯罪的单位和个人进行严厉打击。社会各界人士如发现上述侵权行为,希望及时举报,我社将奖励举报有功人员。

反盗版举报电话　(010)58581999　58582371

反盗版举报邮箱　dd@hep.com.cn

通信地址　北京市西城区德外大街4号　高等教育出版社知识产权与法律事务部

邮政编码　100120

读者意见反馈

为收集对教材的意见建议,进一步完善教材编写并做好服务工作,读者可将对本教材的意见建议通过如下渠道反馈至我社。

咨询电话　400-810-0598

反馈邮箱　hepsci@pub.hep.cn

通信地址　北京市朝阳区惠新东街4号富盛大厦1座　高等教育出版社理科事业部

邮政编码　100029